# 牛乳生产质量检测指南

张成图　李彩兰　主编

西北农林科技大学出版社

图书在版编目（CIP）数据

牛乳生产质量检测指南 / 张成图, 李彩兰主编. —杨凌：西北农林科技大学出版社, 2021.6
ISBN 978-7-5683-0962-2

Ⅰ.①牛… Ⅱ.①张…②李… Ⅲ.①牛奶—质量检验—指南 Ⅳ.①TS252.2-62

中国版本图书馆CIP数据核字(2021)第110385号

### 牛乳生产质量检测指南

张成图　李彩兰　主编

| | | | | |
|---|---|---|---|---|
| 出版发行 | 西北农林科技大学出版社 | | | |
| 地　　址 | 陕西杨凌杨武路3号 | | 邮　编： | 712100 |
| 电　　话 | 总编室：029-87093195 | | 发行部： | 029-87093302 |
| 电子邮箱 | press0809@163.com | | | |
| 印　　刷 | 陕西天地印刷有限公司 | | | |
| 版　　次 | 2021年6月第1版 | | | |
| 印　　次 | 2021年6月第1次印刷 | | | |
| 开　　本 | 787 mm × 960 mm　1/16 | | | |
| 印　　张 | 10.75 | | | |
| 字　　数 | 166千字 | | | |

ISBN 978-7-5683-0962-2

定价：32.00元

本书如有印装质量问题，请与本社联系

## 《牛乳生产质量检测指南》
## 编委人员名单

主　编：张成图　李彩兰

副主编：吴　英　陈永忠　马　文

编　委：苏建民　王芳志　严德青　王　磊　孟　茹

　　　　王淑琴　李国鹏　张庆庆　季永琴　甄森萍

　　　　伊平昌　寿文倩　李增智　韩春芳

# 前 言

为了规范生产企业的乳品检验工作,更好地指导企业产品质量控制部门管控乳产品质量,方便管控人员的学习和管理,制定本指南。

本指南适用于乳品生产加工用原辅材料的验收检验、生产过程检验、产品出厂检验等生产系统检验工作。

本指南所涉及的理化检验方法等同或参考GB/T5413—2016,GB/T5009—2016;微生物检验方法等同或采用GB/T4789—2003,试剂配制参照GB/T603—2002,标准溶液标定参照GB/T601—2016。

# CONTENTS 目录

## 第一部分 牛乳的检验 ...... 1
### 一、牛乳的基础知识 ...... 1
1. 牛乳的组成 ...... 1
2. 牛乳的感官 ...... 1
3. 牛乳的营养价值 ...... 1
4. 牛乳储存过程中的变化 ...... 2
5. 牛乳热处理后的变化 ...... 2

### 二、检验要求 ...... 3
1. 牛乳产品检验要求 ...... 3
2. 水质检测要求 ...... 4
3. 微生物检测要求 ...... 4
4. 在线检测设备的校准 ...... 5

### 三、原料奶的基础检验 ...... 5
1. 感官 ...... 5
2. 温度 ...... 6
3. 脂肪 ...... 6
4. 蛋白质 ...... 8
5. 牛乳新鲜度检测 ...... 12
6. 酸度 ...... 15
7. 密度 ...... 17
8. pH 检验 ...... 18
9. 冰点 ...... 18
10. 杂质度 ...... 20
11. 非脂乳固体 ...... 21
12. 干物质 ...... 21
13. 蔗糖的测定 ...... 23

## 四、原料奶的入厂检验 ... 27
1. 原料奶的入厂验收流程 ... 27
2. 原料奶的入厂检验项目 ... 28
3. 原料奶检测步骤及方法 ... 28

## 五、原料奶的掺假检测 ... 29
1. 掺假概述 ... 29
2. 掺假物质分类 ... 30
3. 可掺杂物质的系统检验 ... 31
4. 掺假检验 ... 31

## 六、原料奶的过程检验 ... 56
1. 原料奶过程检验 ... 56
2. 半成品过程检验 ... 56
3. 在线成品放行检验 ... 57
4. 在线留样检验 ... 58

## 七、微生物检验 ... 59
1. 菌落总数的检测 ... 59
2. 大肠菌群的检测 ... 64
3. 嗜冷菌的检测 ... 68
4. 霉菌与酵母菌的检测 ... 73
5. 芽孢与耐热芽孢的检测 ... 76
6. 涂抹实验 ... 78
7. 空降实验 ... 80
8. 商业无菌 ... 82
9 微生物检测—染色技术 ... 84
10. 微生物检测—镜检技术 ... 88

## 八、水质检验 ... 90
1. 配料水检验 ... 90
2. 软化水检验方法 ... 93
3. 污水 COD 的测定 ... 94

# 第二部分　牛乳检测试剂的配制 ... 98
## 一、化验室常规注意事项 ... 98
1. 仪器的使用 ... 98

2 卫生 ............................................................................................................ 98
3. 安全 ............................................................................................................ 99
4. 操作的精确性 ............................................................................................ 99

## 二、化验室基础知识 .................................................................................... 99
1. 实验用水 .................................................................................................... 99
2. 玻璃仪器的洗涤 ...................................................................................... 100
3. 化学试剂 .................................................................................................. 102
4. 2% 碘液的配制 ........................................................................................ 107
5. 原料奶掺假检测试剂的配制 .................................................................. 108
6. 常用检测试剂的配制 .............................................................................. 115

# 第三部分 牛乳检测仪器的自校 .................................................................. 126
## 一、概述 ........................................................................................................ 126
1. 目的 .......................................................................................................... 126
2. 范围 .......................................................................................................... 126
3. 职责 .......................................................................................................... 126
4. 依据 .......................................................................................................... 126
5. 检验设备及用途 ...................................................................................... 127
6. 检验器皿仪器校准计划 .......................................................................... 128
7. 校准结果处理 .......................................................................................... 129
8. 保存校准结果记录 .................................................................................. 130
9. 相关文件 .................................................................................................. 130

## 二、温度计的自校 ........................................................................................ 131
1. 目的 .......................................................................................................... 131
2. 范围 .......................................................................................................... 131
3. 校准步骤 .................................................................................................. 131
4. 判定依据 .................................................................................................. 132
5. 校准周期 .................................................................................................. 132

## 三、pH 计自校 .............................................................................................. 132

## 四、雷磁 pHS-3CpH 电极校准 .................................................................... 133
1. 校准说明 .................................................................................................. 133
2. 校准方法：二点标定 .............................................................................. 133
3. 电极的使用维护 ...................................................................................... 133

  4. 缓冲溶液的配制方法 ……………………………………………………… 134
 五、电子天平的自校 ………………………………………………………………… 134
  1. 范围 …………………………………………………………………………… 134
  2. 术语和计量单位 ……………………………………………………………… 134
  3. 概述 …………………………………………………………………………… 135
  4. 最大允许误差 ………………………………………………………………… 135
  5. 通用技术要求 ………………………………………………………………… 135
  6. 计量器具控制 ………………………………………………………………… 138
 六、双杰 T 系列电子天平校准方法（车间用电子秤）………………………………… 139
 七、玻璃浮计自校 …………………………………………………………………… 140
  1. 校准范围 ……………………………………………………………………… 140
  2. 引用文件 ……………………………………………………………………… 140
  3. 概述 …………………………………………………………………………… 140
  4. 计量性能要求 ………………………………………………………………… 141
  5. 通用技术要求 ………………………………………………………………… 141
  6. 计量器具控制 ………………………………………………………………… 142
  7. 数据处理及检定周期 ………………………………………………………… 144

## 第四部分　原辅材料、包装纸箱的验收 ……………………………………………… 145
 一、原辅料、包装材料验收操作规程 ……………………………………………… 145
 二、原辅料、包装材料检验方法及验收标准 ……………………………………… 146
  1. 验收标准 ……………………………………………………………………… 146
  2. 原辅材料检验方法 …………………………………………………………… 147
  3. 包装材料检验方法 …………………………………………………………… 147
  4. 纸箱检验方法 ………………………………………………………………… 148

## 附　录 ……………………………………………………………………………………… 151
 附录一：低温车间空降及涂抹企业标准 …………………………………………… 151
 附录二：原奶掺假结果判定比色板汇总 …………………………………………… 154
 附录三：乳与乳制品检验参考标准汇总 …………………………………………… 156
 附录四：化验室常用化学试剂的保存期限 ………………………………………… 157

## 参考文献 ………………………………………………………………………………… 158

# 第一部分 牛乳的检验

## 一、牛乳的基础知识

### 1. 牛乳的组成

牛乳是一种白色或稍带黄色的不透明液体。主要成分为水、脂肪、蛋白质、乳糖、矿物质以及卵磷脂、胆固醇、柠檬酸、色素、气体、维生素和酶等。

总干物质(总乳固形物)是指牛乳中除去水分和气体外剩余的物质；非脂乳固体是指除去脂肪、蔗糖外的总固形物含量；有机物主要由碳、氢、氧构成。

### 2. 牛乳的感官

牛乳的风味：是酸、甜、苦、咸四种风味的混合体。酸味是因为含有柠檬酸和磷酸，甜味是含有乳糖，咸味是含有氨基酸，苦味是含有镁和钙。乳的风味缺陷是有酸败味、焦煮气味和异味（牛乳有很强的吸味能力）。

牛乳的感官色泽：为不透明的乳白色或淡黄色液体。乳白色是由于乳中的磷酸钙胶粒、酪蛋白酸钙和脂肪球对光不规则反射的结果；淡黄色是脂溶性胡萝卜素和叶黄素。

### 3. 牛乳的营养价值

牛乳经过杀菌处理后，就可以直接饮用，而且易于被人体消化吸收。牛乳的营养非常丰富，几乎含有人类必需的所有营养成分。牛乳中的半乳糖可以生成脑苷脂类和粘多糖类，能促进幼儿的智力发育，还可促进人体肠道内有益乳酸菌的生长，抑制肠内异常发酵以及促进钙的吸收。牛乳中丰富的维生素可以防止人类的各种维生素缺乏症，例如：缺乏维生素 A 造成的夜盲症，缺乏维生素 $B_1$ 造成的生长受阻，缺乏维生素 $B_2$ 造成的食欲不振、消化不良，缺乏 维生素 C 造成的易疲劳、牙龈出血、败血症，缺乏维生素 D 造成的骨骼变形（软骨病）等。

### 4. 牛乳储存过程中的变化

（1）脂肪氧化——氧化反应发生在不饱和脂肪酸的双键上，卵磷脂最为敏感，乳中的铜盐和铁盐及溶解氧都能加速产生"金属味道"的过程。

（2）蛋白氧化——当光照牛乳时，蛋氨酸在维生素 $B_2$ 和维生素 C 的共同参与下，转化生成甲巯基丙醛，一种被称为"日晒味"的主要原因归结为 3—巯基甲基丙醛（甲基巯基丙醛）的浓度。

（3）脂类分解——在解脂酶的作用下脂肪分解为丙三醇和游离脂肪酸，产生一种脂肪酸败的滋味，这是由于乳中出现一种低分子游离脂肪酸（丁酸和己酸）而引起的。

原料奶不利于过度的搅拌，因为脂肪球表面有膜，而解脂酶本身不能破坏脂肪球膜，只有牛乳通过泵送、搅拌、振荡后脂肪球膜受破坏以后该酶才能分解脂肪产生脂肪酸。

### 5. 牛乳热处理后的变化

（1）脂肪——高温加热时游离脂肪从脂肪球中逸出，蛋白沉淀在脂肪球表面形成一种网状结构，使得脂肪球增密，渗透性降低。所以生产含脂率较高的产品更适合灭菌后均质。

（2）蛋白质——占乳清蛋白总量 50% 的乳球蛋白热敏感性较强，在 65℃时开始变性，90℃保持 5 分钟则几乎全部变性。

（3）乳糖——100℃以上加热时乳糖与蛋白质发生褐变反应。氨基酸（赖氨酸）与乳糖的羰基之间发生的反应，大大降低赖氨酸（必需氨基酸）的含量，同时气味也发生改变。

（4）维生素——维生素 C 最敏感，但在正常温和的巴氏杀菌下维生素损失很小。

（5）无机盐——磷酸钙表面失水而形成不溶性磷酸钙。

# 二、检验要求

## 1. 牛乳产品检验要求

见表 1-1 和表 1-2。

**表 1-1 常温产品检验要求**

| 检验对象 | 检验类型 | 检验频次 | 检验员 | 检验项目 |
|---|---|---|---|---|
| 原料奶 | 验收 | 每车、每罐 | 化验员 | 必检项：感官、玫瑰红试验、酸度、酒精、杂质度、冰点、抗生素、三聚氰胺、黄曲霉毒素、四环素、氯霉素、β-内酰胺酶、地塞米松、玉米赤霉素、理化检测、重金属污染<br>抽检项：喹诺酮、磺胺、安乃近、山梨酸 |
| | 监控 | 2h1次或1h1次 | 化验员 | 温度、酸度、酒精、pH、感官（脂肪、蛋白质、总固形物、非脂乳、每1~2h测一次） |
| 半成品 | 检测 | 每罐 | 化验员 | 温度、感官、酸度、酒精、pH、脂肪、蛋白质、比重、总固形物、非脂乳 |
| | 监控 | 2h1次或1h1次 | 化验员 | 温度、酸度、酒精、pH、感官 |
| 成品 | 检测 | 每罐 | 化验员 | 温度、感官、酸度、酒精、pH、脂肪、蛋白质、比重、总固形物、非脂乳 |
| | 生产过程检测 | 开停机样、每15 min一次 | 质检员 | 感官、脂肪、蛋白质、总固形物、非脂乳 |
| | 内部放行 | 开停机样、中间样 | 质检员 | 感官、酸度、酒精、pH、脂肪、蛋白质、比重、总固形物、非脂乳、煮沸 |
| 常温样 | 保质期内的常温抽检 | 每储存5天检测一次，每储存1月检测一次 | 化验员 | 感官、酸度、酒精、pH、比重、煮沸 |

**表 1-2 低温产品检验要求**

| 检验对象 | 检验类型 | 检验频次 | 检验员 | 检验项目 |
|---|---|---|---|---|
| 原料奶 | 验收 | 每车每罐 | 化验员 | 必检：感官、玫瑰红试验、酸度、酒精、杂质度、冰点、抗生素、三聚氰胺、黄曲霉毒素、四环素、氯霉素、β-内酰胺酶、地塞米松、玉米赤霉素、理化检测、重金属污染<br>抽检：喹诺酮、磺胺、安乃近、山梨酸 |
| | 监控 | 2h1次或1h1次 | 化验员 | 温度、酸度、酒精、pH、感官（脂肪、蛋白质、非脂乳固体 每1~2h测一次） |

续表

| 检验对象 | 检验类型 | 检验频次 | 检验员 | 检验项目 |
|---|---|---|---|---|
| 半成品 | 检测 | 每罐 | 化验员 | 温度、感官、酸度、酒精、pH、脂肪、蛋白质、比重、非脂乳固体 |
|  | 监控 | 2h1次或1h1次 | 化验员 | 温度、酸度、酒精、pH、感官 |
| 发酵前 | 检测 | 每罐 | 化验员 | 温度、感官、酸度、酒精、pH、脂肪、蛋白质、比重、非脂乳固体 |
| 发酵后 | 检测 | 每罐 | 化验员 | 温度、感官（尤其是口感、状态）、酸度、pH、脂肪、非脂乳固体 |
| 待存 | 检测 | 每罐 | 化验员 | 温度、感官（尤其是口感、状态）、酸度、pH、脂肪、非脂乳固体 |
| 成品 | 生产过程检测 | 开停机样、每1h一次 | 质检员 | 感官（尤其是口感、状态）、酸度、pH、脂肪、非脂乳固体 |
|  | 内部放行 | 开停机样、中间样 | 质检员 | 温度、感官（尤其是口感、状态）、酸度、pH、脂肪、非脂乳固体 |
| 常温样 | 保质期内的常温抽检 | 爱克林储存12天后，其他产品储存17天后 | 化验员 | 感官（尤其是口感、状态）、酸度、pH |

## 2. 水质检测要求

对生产用水的细菌总数、硬度、pH每日进行1次检测，每年进行1次全项水质分析检测（无自检能力时可委托第三方检测）。化验室的用水，必须符合GB/T 6682—2008三级用水的标准要求。

## 3. 微生物检测要求

空降要求：每周一、三、五任选2日对生产一车间进行细菌总数空气降落实验，每次实验需覆盖前处理及灌装间整体空间。每周至少进行两次霉菌、酵母菌的空气降落实验。

每周二、四、六任选2日对生产二车间进行霉菌、酵母菌的空气降落实验，每次实验需覆盖前处理及灌装间整体空间。每周最少两次细菌总数的空气降落实验。

涂抹要求：每周需覆盖所有涂抹点两次。

消毒水检测频次：生产二车间每个班次取早中晚三次的消毒水进行检测。（采样时间、地点及采样方法参照附录一《低温车间涂抹及空降企业标准》）。生产一车间每次使用的消毒水也均进行取样检测。

## 4. 在线检测设备的校准

为了防止检测结果出现较大偏差，检测设备的校准要求如下：

（1）产品脂肪、蛋白质、总固形物、非脂乳固体的检测1周校订1次，当检测结果偏差≥0.2时，进行手工检测，重新校订检测基线。

（2）基本检测仪器电子秤、温度计、pH计、双氧水检测计每月校准1次。

（3）乳成分分析仪（环球120、FOSS FT1）做周校准、周保养、月保养和年度保养。

（4）凯氏定氮仪（福斯FOSS8100）做周保养、月保养和年度保养。

（5）冰点仪做周校准、周保养、月保养和年度保养。

（6）盖勃离心机做周保养、月保养和年度保养。

## 三、原料奶的基础检验

### 1. 感官

参照（GB 19301—2010 食品安全国家标准 生乳）进行检测，牛乳的感官检测包括牛乳的色泽、滋气味、组织状态等。

（1）色泽：不透明乳白色或稍带微黄色。

检测方法：生鲜牛乳样品放于白色平盘中，在自然光下观察牛乳色泽是否为乳白色或稍带黄色。

（2）气味：正常牛乳特有的奶香味，味微甜。当牛乳中有牛尿味、畜舍味、酸味和强烈的腥味、膻味、苦味、霉味、臭味、涩味和煮沸味以及其他异味时应当拒绝使用。

检测方法：

①打开奶罐盖，闻是否有酸味、牛粪味等其他异味。

②取牛乳50 mL于250 mL的三角瓶中并在电炉上煮沸，瓶口与鼻子之间保持10 cm左右的距离，用手扇动瓶口上方的气体并吸入鼻腔，嗅、闻是否有乳香味或其他异味、臭味。冷却至15℃时品尝，是否稍带甜味，有无其他异味。

③品尝：过去两小时食用过辛辣食物，饮用过饮料(水除外)或冰激凌，过去24小时之内有吸烟、喝酒行为，以及刚刚用过餐者，均不适合进行品尝。

（3）组织状态：正常牛乳应该是呈均匀一致的胶态流体，无凝块、沉淀及肉眼可见异物；正常的牛乳液体是一种复杂的胶体分散体系，其中分散剂是水，分散质主要有乳糖、无机盐类、蛋白质、脂肪等。

检测方法：

生鲜牛乳样品放于白色平盘中，在自然光下观察牛乳是否有凝块、沉淀，有无正常视力可见的异物，并结合煮沸实验观察，用200目过滤网过滤进行综合分析判断。

## 2. 温度

（1）检验仪器：100℃水银温度计

（2）检验方法：

①准备好待测液，本企业取样(罐取样)至少500 mL；

②手持温度计的上部(也可使用铁架台、试管夹等固定温度计)，使温度计的球泡浸入待测液中，温度计的球泡不能碰到烧杯壁和烧杯底；

③稍等片刻待温度计的液面高度不再上升时读出温度计的读数。

（3）注意事项：

①温度计的球泡不能碰到烧杯壁和烧杯底；

②读数时温度计球泡不能离开被测液体，而且视线要与温度计液面高度保持水平；

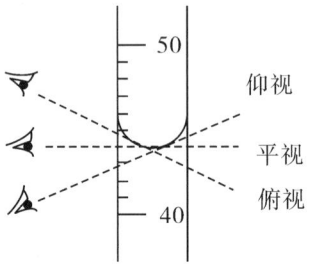

图 1-1 读数视角示意图

（3）读数时，按上图所示，须平视凹液面。

## 3. 脂肪

方法一：仪器法

（1）检验仪器：乳成分分析仪，50 mL烧杯。

（2）检验方法：取经30～40℃混匀、过滤的样品约40 mL于烧杯中，将烧杯放在乳成分分析仪的吸样管下，选择相应经过校准的检测程序，按检测键，待电脑显示屏出现检测结果时，读数即可。

（3）注意事项：乳成分分析仪需定期校正；检测前后必须对仪器进行清洗、调零。

方法二：盖勃离心法（GB5009.6—2016）

（1）检验仪器：盖勃离心机、乳脂计、吸耳球、10 mL 移液管、10.75 mL 大肚移液管。

（2）检验试剂：92% 硫酸、分析纯异戊醇、蒸馏水。

（3）检验原理：用硫酸把乳中的酪蛋白钙盐转变为可溶性的重硫酸酪蛋白化合物，溶解脂肪球膜，把脂肪释放出来；加入异戊醇促进脂肪的分离；分离出的脂肪量可直接从乳脂计的刻度管中读取，或根据脂肪柱读数计算出。

（4）检验方法：用硫酸自动定量瓶或刻度吸管向牛乳乳脂计（分刻度为 0.1）中加入硫酸（比重为 1.820 ～ 1.825）10 mL，颈口勿沾湿硫酸，用 10.75 mL 吸管吸取牛乳样品至刻度，缓慢加入同一乳脂计内（注意沿壁加入牛奶，不能与硫酸液面混合），再加入异戊醇（沸点 128 ～ 132℃，比重 0.8090 ～ 0.8115）1 mL，最后加入蒸馏水调节液面（使脂肪柱高度与乳脂计刻度平齐），塞紧橡皮塞，充分摇动，使牛乳凝块溶解、无黑色颗粒。

（5）注意事项：将乳汁计放入 65 ～ 70℃ 的水浴中保温 5 min，然后置离心机中以 1 100 r/min 的转速旋转 5 min，再放入 65 ～ 70℃ 的水浴中保温 5 min，取出立即读数，读数时要将乳脂肪柱下弯月面放在与视线同一水平面上，以弯月面下限为准。读取所得数值即为脂肪的百分数。

注：

①如所用离心机有保温功能，可省去水浴保温的步骤。

②摇动时用布包住，乳脂计瓶口向外，不要对着自己或他人，以免乳汁计破裂或塞子冲开，受到伤害。

③必要时，对异戊醇试剂进行空白检查。方法：以 10 mL 蒸馏水代替 10.75 mL 牛乳样品，其余步骤同样品测定。

④乳脂计需校准或比对。

⑤根据所测产品的不同，适当调整硫酸的比重，以乳脂计中脂肪层的颜色呈透明清亮为准；

⑥进行水浴时，水浴液面须高于乳脂计脂肪层。

## 4. 蛋白质

**方法一：凯氏定氮仪法（GB5009.5—2016）**

（1）检验原理：蛋白质是含氮的有机化合物，食品中的蛋白质在催化加热条件下被分解（与硫酸和催化剂一同加热消化），产生的氨与硫酸结合生成硫酸铵，然后碱化蒸馏使氨游离，用硼酸吸收后再以硫酸标准滴定溶液或盐酸标准滴定溶液，根据酸的消耗量乘以换算系数，即为蛋白质的含量。

（2）检验设备：凯氏定氮仪。包括消化炉、废气排放装置、蒸馏单元。

（3）检验试剂：所有试剂均用不含氨的蒸馏水配制。

①硫酸铜、硫酸钾、硫酸、2% 硼酸溶液。

②混合指示液：1 份 0.1% 甲基红乙醇溶液与 5 份 0.1% 溴甲酚绿乙醇溶液临用时混合。也可用 2 份 0.1% 甲基红乙醇溶液与 1 份 0.1% 次甲基蓝乙醇溶液临用时混合。

③40% 氢氧化钠溶液。

④0.05 mol/L 硫酸标准溶液或 0.05 mol/L 盐酸标准溶液。

（4）检验方法

①消化

样品的称取：在消化管中分别加入 1 g $CuSO_4$、9 g $K_2SO_4$ 或两片福斯混合药片（福斯公司定制混合药片，每片含量 0.5 g $CuSO_4$+4.5 g $K_2SO_4$），用减量法准确称取样品（参考称样量：原奶、纯牛奶系列、发酵酸牛乳系列为 2 g，优酸乳系列约 10 g、甜味奶等中性乳饮料约 7 g、学生花色奶约 5 g）于消化管中，倾倒样品时尽量使样品不挂在消化管的颈口部。在加好样品的消化管中加入 15 mL 浓硫酸混合，放入消化器，按设备说明书操作加热。消化时须通过观察产生泡沫情况，调节温度（开始时宜低温消化，控制泡沫、黑烟少量）。当消化管中没有黑烟或黑烟很少时，稍升高温度，继续消化。当消化管中溶液呈透明的蓝绿色时，继续消化 60～90 min（在此过程中消化液必须沸腾），停止加热。

②蒸馏。

③吸收、滴定。

（5）空白试验

按照上述的步骤进行空白试验，在消化管中加入 0.85 g 蔗糖，加入蔗糖的作用是使空白试验在消化过程中与样品消耗等量的硫酸。

（6）回收试验

①在已经加有催化剂的消化管中加入 0.12 g 硫酸铵和 0.85 g 蔗糖进行测定，回收率应大于 99%（实际检测值高于 100% 应该进行原因分析）。

②用 0.18 g 色氨酸或 0.16 g 盐酸赖氨酸加 0.67 g 蔗糖进行测定。回收率应大于 98%。

③在以上的两个回收试验中，结果低于相应的回收率时，说明操作过程失败或盐酸标准溶液的浓度不准确，应检查凯氏定氮仪或重新标定盐酸标准溶液。

（7）结果表述

①氮含量的计算

$$样品中氮含量（\%）= \frac{0.014(V-V_0) \times C(H^+)}{m} \times 100$$

其中：

$V$——测定中消耗盐酸标准溶液的体积，mL；

$V_0$—— 空白试验中消耗盐酸标准溶液的体积，mL；

$c(H^+)$——盐酸标准溶液中 $H^+$ 的摩尔浓度，mol/L；

$m$——样品质量，g；

四舍六入五成双的结果保留到 0.01%。

②蛋白质含量的计算

蛋白含量的计算，用质量百分数表达，用氮含量乘以 6.38 即可。

③回收率的计算

用氮含量除以硫酸铵的理论氮含量 21.19% 即可。

（8）允许差

同一样品的两次测定值之差不得超过平均值的 1.5%。

（9）注意事项

①所用试剂溶液必须用无氨蒸馏水配制。

②样品中脂肪或糖含量较高时，消化过程中易产生大量的泡沫，必要时

可加入液体石蜡或硅油消泡剂,并同时注意控制热源强度。

③有机物完全分解,消化液呈蓝色或浅绿色,但含铁量多时,呈较深绿色。

④蒸馏装置不能漏气。

⑤使用电位滴定仪滴定之前须校准电极,且每天使用完毕后必须将电极浸泡在蒸馏水中。

⑥蒸馏前若加碱量不足,消化液呈蓝色,不生成氢氧化铜沉淀。此时需要再增加氢氧化钠的用量。

⑦硼酸吸收液的温度不能超过40℃,否则对氨的吸收作用减弱而造成损失。硼酸溶液之所以被作为吸收液,是因为它仅呈极微弱的酸性,在滴定中不影响所加指示剂的变色反应,但具有吸收氨的作用。

⑧混合指示剂(1 g/L 溴甲酚绿和 1 g/L 甲基红 1∶1)临用时混合,它在碱性溶液中呈绿色,中性溶液中呈灰色,酸性溶液中呈红色。因为硫酸滴定硼酸铵溶液,生成硫酸铵为强酸弱碱盐,所以溶液呈酸性,指示剂应显红色。

⑨蛋白测定中,在催化剂中加入二氧化钛,消化速度将会加快。能使难以氨化的组分快速氨化。蒸馏时可加入锌粒,其作用相当于沸石,用量如绿豆大即可。

⑩在消化过程中,为了加速分解过程,缩短消化时间,常加入下列物质:

硫酸钾(提高沸点物质):在消化过程中,随着硫酸的不断分解,水分的不断蒸发,硫酸钾的浓度逐渐增大,则硫酸的沸点升高(338℃),加速了对有机物的分解作用。但硫酸钾用量不易过大,因温度过高,生成的硫酸氢铵在513℃会分解,放出氨,使氮损失。

催化剂硫酸铜:硫酸铜与炭化后的碳及浓硫酸的反应都产生二氧化硫,使有机氮的还原过程加快。在有机物全部消化后,溶液为清澈的蓝绿色。说明使硫酸铜除了有催化作用外,还可以在下一步蒸馏时做碱性反应的指示剂。

方法二:仪器法

(1)**检验仪器**:乳成分分析仪(需进行校准)、50 mL 烧杯;

(2)**检验方法**:取约40ml、30~40℃混匀、过滤的牛乳样品倒入烧杯中,将烧杯放在乳成分分析仪的吸样管下,选择相应的检测程序,按检测键开始检测,待电脑显示屏出现检测结果时,读数即可。

(3)**注意事项**:乳成分分析仪需定期校正;检测前后仪器需进行清洗。

方法三：甲醛滴定法

**（1）检验原理**

以 NaOH 溶液滴定 $-NH_3^+$ 基上的 $H^+$，每释放一个 $H^+$，就相当有一个氨基氮。反应如下：

$R-NH^{3+}=H^++R-NH_2$； $R-NH_2+2CHCHO \rightarrow R-N(CH_2OH)_2$

**（2）仪器设备**

电位滴定仪或酸度计；50 mL 液管；0～10 刻度碱式滴定管，0.05 mL；2 mL、10 mL 精确吸管。

**（3）检验用试剂**

① 37% 中性甲醛：用 0.1 mol/L 的 NaOH 溶液滴定至 pH=8.4。

②中性饱和草酸钾：将草酸钾用热水（60～80℃）溶解，直至饱和为止，用 0.1mol/L HCL 滴定至 pH=8.4。

③ 0.1 mol/L 的 NaOH 标准滴定溶液：配制与标定见《化学试剂标准滴定溶液的制备》GB/T601-2016。

**（4）检验方法**

①用移液管移取 50 mL 的样品于烧杯内；加蒸馏水至 100 mL。

②加入 2 mL 中性饱和草酸钾溶液，搅匀，静置 2 min，用 0.1 mol/L NaOH 标准滴定溶液滴定至 pH=8.4。

③加入 10 mL 中性甲醛，搅匀，静置 2 min，用 0.1 mol/L 的 NaOH 标准滴定溶液滴定至 pH=8.4；并记录消耗 0.1 mol/L NaOH 标准滴定溶液的毫升数 $V_2$。

④用 50 mL 蒸馏水重复上述操作进行空白测试。

⑤计算：

$$蛋白质（\%）= \frac{0.014(V_2-V_1) \times 1.7 \times C \times 100}{50}$$

$V_1$——空白测试消耗的氢氧化钠标准溶液毫升数，mL；

$V_2$——样品测试消耗的氢氧化钠标准溶液毫升数，mL；

$C$——氢氧化钠标准滴定溶液浓度，mol/L；

1.7——0.014×6.38×100/5.006=1.7（0.014 是 1 mL 1 mol/L 氢氧化钠相当于氮的克数；6.38 氮换算为蛋白质的系数；100/5.006 为经验常数甲醛法与凯氏定氮法测定值相比较得出）；

50——样品体积。

（5）注意事项：

①饱和草酸钾及甲醛溶液每次使用前都应调节 pH 至 8.4。该实验需在通风橱中进行。

②生产厂如果无电位滴定仪，可以采用酸度计指示滴定终点。

③原料奶需预热至 20℃。

## 5. 牛乳新鲜度检测

方法一：酒精实验

**（1）检验仪器：** 移液管 10 mL，平皿或酒精试管。

**（2）检验原理：**

①乳中酪蛋白胶粒带有负电荷且具有亲水性，在胶粒周围形成了结合水层，所以，酪蛋白在乳中以稳定的胶体状态存在；

②酒精具有脱水作用；

③当乳的酸度增高时，酪蛋白胶粒带有的负电荷被 $H^+$ 中和；

④酪蛋白胶粒周围的结合水易被酒精脱去，中和负电荷造成凝集。用一定浓度的酒精与等量牛乳混合，根据蛋白质的凝聚，判定牛乳的新鲜度（试验的标准温度是 20℃左右）。

**（3）检验方法：** 酒精实验方法适用于原料奶、纯奶制半成品及成品的蛋白稳定性的检验。

操作方法：用移液管准确吸取 2 mL 牛乳于干净的平皿上，同样方法加 2 mL 要求浓度的酒精溶液，摇匀，在 30 s 内观察有无絮状颗粒或碎片出现，无絮状颗粒或碎片出现则说明蛋白质稳定，有絮状颗粒或碎片出现则说明蛋白质不稳定或变性。

**（4）注意事项：** 所需酒精需现配现用；酒精与牛乳应等量混合，否则结果不准确。

酸度值可根据生成絮状颗粒或碎片时对应的酒精浓度粗略地判定出来，参考标准见表 1-3。

表 1-3 酸度参考标准

| 酒精浓度 | 不出现絮片的参考酸度 |
| --- | --- |
| 68º | 20ºT 以下 |
| 70º | 19ºT 以下 |
| 72º | 18ºT 以下（包括 18ºT） |
| 75º | 17ºT 以下 |

酒精实验亦可采用平皿将牛奶与酒精等量混合，来判断牛乳的新鲜度。此方法更利于判断。

实验步骤如下：

①准确吸取 2 mL 牛奶于平皿中。

注：a.该步骤开始后，应将试验连续进行下去直至完成，中间不得间断；
　　b.酒精加入混合均匀后，应在 30 s 内观察结果。

②根据需要在加有奶样的平皿中加入 2 mL 酒精，要边加边摇，使酒精与牛奶均匀混合，观察是否有絮片生成（絮片无论大小）。

注：试验应在 20ºC 的温度下进行，必要时扩大取样量和检样量。

③结果判定

出现絮片的牛乳为酒精试验阳性乳。

方法二：煮沸实验

（1）检验仪器：250 mL 三角瓶、50 mL、10 mL 量筒，电炉及石棉网。

（2）检验原理：鲜奶经加热沸腾后，观察残留颗粒的多少，来判定蛋白质热稳定性即新鲜度的好坏。

（3）操作步骤：量取 50 mL 鲜奶于 250 mL 干燥洁净的三角瓶中，置于电炉上加热，在加热过程中不停摇动。当三角瓶中的牛奶沸腾后，将三角瓶取下，稍稍冷却后将牛奶倒掉，用少量水（约 10 mL）轻轻冲洗三角瓶，观察三角瓶底白色颗粒的多少。

④结果判定

将三角瓶底白色颗粒的多少与"生鲜牛乳煮沸实验颗粒标准板"进行比较，见图 1-2。

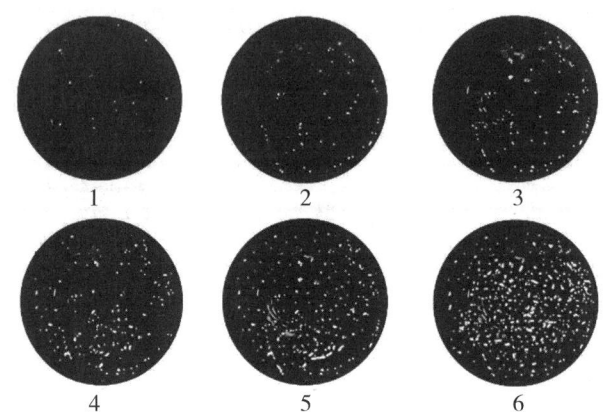

图 1-2 原奶煮沸实验颗粒标准板

图中 1、2、3 为合格样品，4、5、6 为不合格样品

方法三：美兰实验

（1）**检验仪器**：试管 20 mm×200 mm、水浴锅：可恒温到 38℃。

（2）**检验试剂**：亚甲基蓝水溶液：0.01 g/300 mL。

（3）**检验原理**：美兰还原试验是用来判断原料乳新鲜程度的一种色素还原试验。新鲜乳加入亚甲基蓝后染为蓝色。如污染大量微生物产生还原酶使颜色逐渐变浅，直至无色，通过测定颜色变化时间，间接推断出鲜奶的卫生质量。

（4）**检验步骤**：

①吸取 10 mL 牛奶于灭菌试管中，在水浴中加热到 38℃，再加入亚甲基蓝溶液 1 mL，混匀。

②将试管放入水浴中，每 30 min 观察一次褪色情况，并记录每个样品褪色时间。

（5）**结果评估**

通常通过溶液的褪色时间可以估算出牛奶中细菌总数。

（6）**影响因素**

①细菌的活性：由于原奶在实验前冷藏时间的延长，传统的适温菌型（产酸菌的牛奶菌丝），逐渐转换为嗜冷菌型（分解蛋白质和脂肪的菌丝），脱色时间和细菌总数之间的相关性变弱。

②溶液的褪色时间与染色液的浓度有关。

③此方法对体细胞（白细胞）及其他细胞的还原作用也敏感，因此还可

检验异常乳（乳房炎及初乳或末乳）。

褪色时间对应的每 mL 牛乳中的细菌总数

| 时间 | 细菌总数 |
|---|---|
| 20 min | $>2 \times 10^7$ |
| 20～40 min | $1.0 \times 10^7 \sim 2.0 \times 10^7$ |
| 40 min～1 h | $5.0 \times 10^6 \sim 1.0 \times 10^7$ |
| 1 h～2 h | $4.0 \times 10^6 \sim 5.0 \times 10^6$ |
| 2 h～3 h | $3.0 \times 10^6 \sim 4.0 \times 10^6$ |
| 3 h～4 h | $2.0 \times 10^6 \sim 3.0 \times 10^6$ |
| 4 h～5 h | $1.0 \times 10^6 \sim 2.0 \times 10^6$ |
| 5 h～5.5 h | $5.0 \times 10^5 \sim 1.0 \times 10^6$ |
| 5.5 h～6.5 h | $3.0 \times 10^5 \sim 5.0 \times 10^5$ |
| 6.5 h～7.5 h | $1.0 \times 10^5 \sim 3.0 \times 10^5$ |
| >7.5 h | $<1.0 \times 10^5$ |

注：此方法较适用于原料奶的验收检验，所以一般时间控制在 40 min 之内观察为宜。

## 6. 酸度

酸度——当一种酸与水混合时会释放出 $H^+$，带一个正电荷，这些 $H^+$ 迅速与水结合形成水合氢离子（$H_3O^+$）；当一种碱加入水中可形成一种碱或强碱溶液，当该碱溶解时会释放出氢氧根离子（$OH^-$）。溶液中（$H_3O^+$）比（$OH^-$）多时显酸性、（$OH^-$）比（$H_3O^+$）多时显碱性。滴定酸度是 pH 从 6.6 升到 8.3（酚酞指示剂粉色时）所消耗的碱液量。

方法一：电位滴定法（基准法）

（1）**检验仪器**：0.1 mol/L 的 NaOH 标准滴定溶液：保护此溶液防止二氧化碳的渗入，配制与标定执行 GB/T601，无二氧化碳蒸馏水。

（2）**检验原理**：吸取一定量的牛乳，用 0.1 mol/L 氢氧化钠滴定至 pH 为 8.30，由此消耗的 0.1 mol/L 氢氧化钠溶液的毫升数可计算出滴定 100 mL 牛乳所需的氢氧化钠的量，即为酸度°T。

（3）**检验方法**：吸取 10.0 mL 样品置于干燥的 250 mL 三角瓶中，加入无二氧化碳蒸馏水 20 mL，使用磁力搅拌器进行搅拌。用氢氧化钠标准溶液进行滴定，直到 pH 达到 8.30（用 pH 计测定）。

计算：

$$样品的滴定酸度\,°T = \frac{C(V_1 - V_0)}{V \times 0.1} \times 100$$

$C$——氢氧化钠标准溶液的浓度，mol/L

$V_1$——滴定时消耗的氢氧化钠的体积，mL

$V_0$——空白实验时消耗的氢氧化钠的体积，mL

$V$——吸取样品的体积，mL

方法二：常规法（GB 5009.239—2016）

（1）**检验仪器**：10 mL 移液管、吸耳球、250 mL 锥形瓶、铁架台、碱式滴定管、0.1 mol/L 氢氧化钠溶液、0.5 g/L 酚酞。

（2）**检验原理**：将一定量的乳，以酚酞作指示剂，硫酸钴作参比颜色，用 0.1 mol/L 的氢氧化钠标准溶液滴定至粉红色，根据所消耗的毫升数可计算出滴定 100 mL 牛乳所需的氢氧化钠量，即为酸度 °T。

（3）**检验试剂**：

① 5 g/L 酚酞溶液：取 0.5 g 酚酞溶于 75 mL 体积分数为 95% 的乙醇中，加入 20 mL 水，再加入 0.1 mol/L 的 NaOH 标准溶液，直至加入一滴立即变成粉红色，再加水定容至 100 mL。

② 0.05 g/L 硫酸钴：精确称取 3 g $CoSO_4 \cdot 7H_2O$ 溶于水中，定容至 100 mL。

③ 终点标准色：在加好样品和水的三角瓶中加入 2 mL 0.05 g/L 硫酸钴溶液，摇匀即得滴定最终标准色（2 小时更换 1 次；刚配制好后颜色较浅，待其颜色相对稳定后使用）。

（4）**检验方法**：吸取 10.0 mL 样品置于干燥的 150 mL 三角瓶中，加入无二氧化碳蒸馏水 20 mL、酚酞溶液 2 mL，摇匀。用滴定管向样品溶液中滴加浓度为 0.1 mol/L 氢氧化钠标准溶液，边滴定边摇动三角瓶，滴定至颜色与标准溶液的颜色相似，并在 5 s 内不褪色。记录消耗的 NaOH 标准溶液的毫升数，同时做空白试验。

（5）**空白试验**：吸取 10 mL 水加 2 mL 酚酞，用氢氧化钠溶液滴定至微粉色，读取消耗氢氧化钠的体积。

计算：

$$样品的滴定酸度\ °T = \frac{C(V_1-V_0)}{V \times 0.1} \times 100$$

式中：$C$——氢氧化钠的浓度

$V_1$——滴定样品消耗的氢氧化钠的体积

$V_0$——空白试样消耗的氢氧化钠的体积

$V$——样品的体积

0.1000——理论氢氧化钠的浓度

100——100 g 试样

（6）**允许差**：酸度≤ 20 °T 的产品，重复性和重现性均≤ 1.0 °T；酸度＞ 20 °T 的产品，重复性≤ 1.0 °T，重现性≤ 2.0 °T。

（7）**注意事项**：

①滴定的标准操作。

②整个滴定过程应在 45 s 内完成。

（8）**酸度的表示方法**：

①吉尔涅尔度：表示符号 °T

②乳酸度：用％表示

③苏克斯列特—格恩克尔度：用 °SH 表示

④道尔尼克度：用 °D 表示 。

°T ＝乳酸度 ％÷ 0.009

°T ＝ °SH × 2.5

## 7. 密度

（1）**检验仪器**：密度计（20℃ /4℃，上部细管中有刻度标签，表示密度读数），玻璃圆筒或 200 ～ 250 mL 量筒（圆筒高度应大于密度计的长度，其直径大小应使在沉入密度计时其周边和圆筒内壁的距离不小于 5 mm）。

（2）**检验原理**：密度计利用了阿基米德原理，将待测液体倒入玻璃圆筒或量筒，再将此密度计放入液体中。密度计下沉到一定高度后呈漂浮状态。此时液面的位置在玻璃管上所对应的刻度就是该液体的密度。测得试样和水的密度的比值即为相对密度。

（3）**检验方法**：将密度计洗净擦干，缓缓放入盛有待测液体试样的玻璃圆筒或量筒中，务使其碰及四周及底部，保持试样温度在20℃，待其静置后，再轻轻按下少许，然后待其自然上升，静置至无气泡冒出后，从水平位置观察与液面相交处的刻度，即为试样的密度。分别测试试样和水的密度，两者比值即为试样相对密度。

## 8. pH 检验

溶液的酸度是以 H+ 浓度来决定的，pH 一般指氢离子浓度的指数，在数学上 pH 是用克分子浓度表示的以 10 为底数的 H+ 浓度的负对数，即 pH= –Log[H$^+$]。

（1）检验仪器：pH 计或电位滴定仪

（2）检验方法：使用前按 pH 计操作规程校正 pH 计；将 pH 计的电极插入装有样品的容器中（样品在水浴锅保持至 20℃或将 pH 计电极进行温度补偿），待 pH 计显示数字稳定后，进行读数。

（3）注意事项：pH 计测定前需校准。

## 9. 冰点

纯水的冰点为 0℃，而生鲜牛奶的冰点较纯水为低，我国国家标准规定其范围是 –0.500～–0.560。实际生产中，造成冰点下降的原因是牛奶中含有一定浓度的可溶性乳糖和氯化物等盐类，使其浓度能保持平衡，故原料乳中的冰点下降基本保持一致，只在很小范围内变化。当牛奶中掺水或其他杂质时，牛奶冰点即刻发生变化，牛乳掺水后，由于它的组分发生变化，脂肪、蛋白质等的含水量降低，致使其物理状况和化学性质发生变化。

（2）检验仪器：冰点检测仪（德国盖博）、移液枪。

（3）检验原理：当被测生乳样品制冷至 –3.000 0℃时，通过瞬间释放热量，使样品产生结晶，待样品达到平衡状态，并在 20 s 内温度回升不超过 0.5℃，此时的温度即为样品的冰点。

检测时在样品管中放入一定量 (2.5 mL) 样品，置于冷井中，于冰点以下制冷。当样品制冷至某一固定温度时，金属搅拌棒震动开始引晶，结冰后放出热量，使样品温度回升至最高点，并在短时间内保持恒定，然后温度再继续下降。温度回升所达到的最高点，并在短时间内保持恒定，称为冰点温度平台，读取该温度即为样品的冰点下降值。测定冰点的仪器需要符合标准要求，并经过已知冰点下降值的标准盐溶液校准。

（3）**检验方法**：用移液枪将样品 2.5 mL 转移到一个干燥清洁的样品管中，将样品管放到仪器上的测量孔中。冰点仪的显示器开始显示当前样品温度，温度呈下降趋势，当温度下降到 -3.000 0℃时，金属搅拌棒开始震动引晶，此时温度开始上升，当温度不再发生变化时，冰点仪停止测量，传感头升启，显示温度即为样品冰点值。

（4）**注意事项**：每一样品应至少进行三次平行测定，偏差 < ±4℃时，可取平均值作为结果。平行测定应重新取样，不允许用样品管中样品重复测定。

仪器测定前需进行校准，校准步骤如下：

①仪器预冷：开启冰点仪，等待冰点仪传感头升启后，打开冷阱盖，注入约 30 mL 冷却液，盖子自动盖上后，开始测量。

②仪器校准

A 校准：用移液枪吸取 2.5 mL 校准液"A"，依次放入 3 个样品管中，在启动后的冷阱中插入装有"A"校准液的样品管，冰点仪将控制"A 校准"是否成功。当重复测量值在 ±0.002 0℃校准值时，校准值符合要求，校准成功。

B 校准：用移液枪吸取 2.5 mL 校准液"B"，依次放入 3 个样品管中，在启动后的冷阱中插入装有"B"校准液的样品管，冰点仪将控制"B 校准"是否成功。当重复测量值在 ±0.002 0℃校准值时，校准值符合要求，校准成功。

（5）**掺水量测定**：我国国家推荐标准的生鲜牛奶冰点范围在 -0.500 ~ -0.560℃，低于 -0.560℃或高于 -0.500℃的判断为不合格。正常生鲜牛奶的冰点是基本稳定的，如在挤下的生鲜牛奶中掺水，会明显影响牛奶的冰点，而加入不同水量的牛奶其冰点也会不同。通常认为添加 10%的水，其冰点上升 0.054℃，如果正常牛奶的冰点设定为 -0.540℃，则加入 10%的水后，该生鲜牛奶冰点上升至 -0.486℃。

掺水的数量或比例可按下列公式计算：

$W = (C_1 - C_2) \times (100 - S) / C_1$

$W$：为生鲜牛奶中的掺水百分数，

$C_1$：为正常生鲜牛奶测得的冰点，

$C_2$：则为可疑掺水生鲜牛奶测得的冰点，

$S$：为可疑生鲜牛奶总固形物的百分数。

## 10. 杂质度

杂质度是指牛乳中含有的杂质的量，是衡量乳品质量的重要指标。杂质主要是指乳品在生产及运输的过程中带入的草、沙及灰尘等异物。在GB 19301—2010《生乳》中明确规定生鲜牛乳的杂质度必须小于等于4.0 mg/kg。

（1）**检测仪器**：杂质度过滤机、棉质过滤板、杂质度标准板、干燥箱100℃。

（2）**检测方法**：杂质度过滤机由抽滤泵、过滤漏斗和机架组成。通过抽真空让生鲜牛乳样品快速通过棉质过滤板，其中的杂质不能通过则留在棉质过滤板上，烘箱中烘干，用杂质度标准板与之比较，从而得出生鲜牛乳样品中杂质的含量。

使用时，取液体生鲜牛乳样品500 mL，将新的棉质过滤板放在过滤漏斗上，接通电源。开启抽滤泵的开关，将生鲜乳样品慢慢倒入过滤漏斗内，过滤完全，然后用水冲洗附于过滤板上的样品，在非直接但均匀的光亮处与杂质度标准板比较，即可得出过滤板上的杂质量。当过滤板上杂质的含量介于两个级别之间时，判定为杂质含量较多的级别样品。

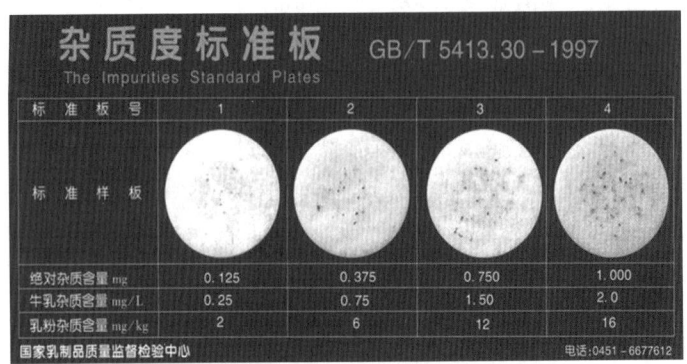

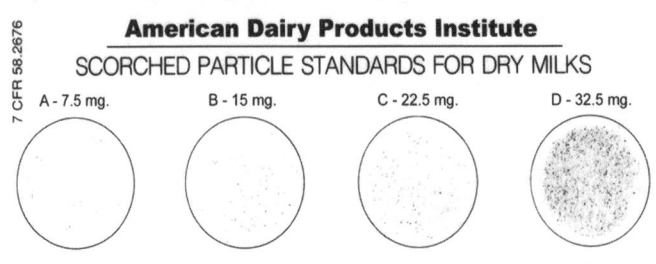

图1-3 生鲜牛乳杂质度标准

（3）注意事项：

①按本标准所述方法对同一样品作两次重复测定，其结果应一致，否则应重复再测定两次。

②当棉质过滤板上杂质的含量介于两个杂质度标准板之间时，判定杂质度为较高的级别。

③应定期给抽滤泵加润滑油，使泵能正常运转，避免锈蚀。

检测的样品应缓慢加入过滤漏斗中，避免外溢的样品流入仪器内部，损坏抽滤泵。

## 11. 非脂乳固体

非脂乳固体，指牛奶中除了脂肪和水分之外的物质总称。非脂乳固体的主要组成为：蛋白质类（2.7%～2.9%）、糖类、酸类、维生素类等。鲜奶的非脂乳固体一般为9%～12%。

非脂乳固体含量根据非脂乳固体 = 全脂乳固体 − 脂肪 − 蔗糖方法计算可得，或用仪器法直接测得。

非脂乳固体 = 全脂乳固体 − 脂肪（纯牛奶系列）

非脂乳固体 = 全脂乳固体 − 脂肪 − 蔗糖（除纯牛奶系列外，有非脂乳固体的产品）

*仪器法*

（1）检验仪器：乳成分分析仪（需进行校准）、50 mL 烧杯。

（2）检验方法：取约 40 mL、30～40℃混匀、过滤的样品倒入烧杯中，将烧杯放在乳成分分析仪的吸样管下，选择相应经过校准的检测程序，按检测键开始检测，待电脑显示屏出现检测结果时，读数即可。

（3）注意事项：乳成分分析仪需定期校正；检测前后仪器需进行清洗。

## 12. 干物质

（1）仪器和设备

①实验室常规仪器；

②分析天平；

③干燥器：内置有干燥剂；

④鼓风干燥箱：可控制在（100±2）℃；

⑤称量皿：有盖，直径为 50～70 mm，高为 20～30 mm；

⑥电热恒温水浴锅；

⑦平头玻璃棒：棒长不超过称重皿的直径；

⑧海砂：通过下列适用性测试。

a. 将约 20 g 的海砂同短玻璃棒一起放于一皿盒中，然后敞盖在（100±2）℃的烘箱中烘 2 h。把皿盒合盖后放入干燥箱中冷却到室温后称量，精确至 0.1 mg。

b. 用 5 mL 水将海砂润湿，用短玻璃棒混合海砂和水，将它们再次放入烘箱中烘 4 h。把皿盒合盖后放入干燥箱中冷却到室温后称量，精确至 0.1 mg。两次称量的差不应超过 0.5 mg。

如果两次称量的质量差超过了 0.5 mg，则需对海砂进行处理后，才能使用。

海砂处理方法：用水洗净，用体积分数 0.5% 的盐酸浸泡 3 天，经常搅拌，尽可能倾出上清液，用水洗涤海砂直至中性，160℃加热海砂 4 小时，然后重复进行适用性测试。

（2）**方法原理**：将试样在（100±2）℃的鼓风干燥箱内加热至恒重，加热前后的质量差即为总固形物的含量。

（3）**分析步骤**

①称量皿和海砂的干燥

用称量皿称取海砂约 20 g，将玻璃棒放在称量皿内，连同皿盖置于（100±2）℃鼓风干燥箱内，加热 2 h，加盖取出，置于干燥器内冷却至室温，约半小时后称量，精确至 0.001 g，重复干燥直至恒重。

②试样的称取

用称量皿称取试样 5 g，精确至 0.001 g。用玻璃棒将海砂和试样混合，并将玻璃棒放入称量皿内。

③试样的烘干

将盛有试样、玻璃棒的称量皿置于（100±2）℃鼓风干燥箱内（皿盖斜放在皿边），加热约 2.5 h，加盖取出，置于干燥器内冷却 0.5 h，称量，重复加热 0.5 h，直到连续两次称量差不超过 0.002 g，即为恒重，以最小称量质量为准。

（4）**分析结果的表述**

总固形物含量以质量百分率表示，按式（1）或（2）计算：

$$X(\%) = \frac{试样烘干后的质量}{试样烘之前的质量} \times 100 \quad (1)$$

$$X(\%) = \frac{m_2 - m}{m_1 - m} \times 100 \quad (2)$$

式中：$X$——试样中总固形物的含量；

$m$——海砂、称量皿、皿盖和玻璃棒的质量，g；

$m_1$——海砂、试样、称量皿、皿盖和玻璃棒的质量，g；

$m_2$——烘干后海砂、残留物、称量皿、皿盖和玻璃棒的质量，g。

（5）允许差

同一样品两次测定结果之差，不得超过平均值的5%。

## 13. 蔗糖的测定

方法一（基准法）：莱因 - 埃农氏法

**（1）原理**

乳糖：试样经除去蛋白质后，在加热条件下，以次甲基蓝为指示剂，直接滴定已标定过的费林氏液，根据样液消耗的体积计算乳糖含量。

蔗糖：试样经除去蛋白质后，其中蔗糖经盐酸水解为还原糖，再按还原糖测定，水解前后的差值乘以相应的系数即为蔗糖含量。

蔗糖为非还原糖，没有还原力，但可以经过盐酸水解转化为具有还原力的葡萄糖和果糖，还原糖与费林氏甲乙混合溶液中的酒石酸钾钠铜反应，以次甲基蓝作指示剂，最终生成还原糖降解物和红色氧化亚铜沉淀，次甲基蓝则由稍过量的还原糖，将蓝色的次甲基蓝还原为无色的隐色体，为了避免隐色体被空气中的氧所氧化，而又显示蓝色，必须使整个过程在沸腾着的溶液中进行，以便驱除液体中的空气。

**（2）方法**

参考称样量：乳饮料、花色奶系列约15～17 g，学生奶约20 g。

①乳糖的标定

称取92～94℃烘2小时的乳糖0.75 g，适量水溶解后定容至250 mL。

预滴定：取费林甲乙液各5 mL于250 mL的三角瓶中，加水20 mL，取出15 mL乳糖液，电炉上加热，在2 min内沸腾之后保持15 s，加3滴指示剂（10 g/L 次甲基蓝），继续滴定至蓝色完全褪尽为止，读取消耗乳糖液体积数。

精滴定：预加乳糖液体积比预滴定少 0.5～1 mL，煮沸后保持 2 min，其余过程同预滴定。

乳糖校正值 $f_1 = 4 \times V_1 \times m_1 / AL_1$

$V_1$——滴定消耗乳糖液量 mL；

$m_1$——称取乳糖质量 g；

$AL_1$——查表得乳糖数 mg。

②乳糖测定（L）

称取乳粉 2～3 g、牛乳 17～18 g、乳饮料 10～12 g，用 100 mL 的水溶解并洗入至 250 mL 容量瓶中，加 4 mL 乙酸铅 (200 g/L)，4 mL 草酸钾 – 磷酸氢二钠 (3∶7) 定容至刻度，过滤，弃去最初 25 mL，滤液待用。

测定过程同标定。

计算：$L = F_1 \times f_1 \times 0.25 \times 100 / V_1 \times m$

式中：

$L$——样品中乳糖的质量分数，g/100 g；

$F_1$——查表得乳糖数，mg；

$f_1$——乳糖校正值；

$V_1$——滴定消耗滤液量，mL；

$m$——样品的质量，g。

③蔗糖的标定

称取在 105℃烘 2 小时的蔗糖 0.2 g，用 50 mL 的水洗入 100 mL 容量瓶中加 10 mL 水、10 mL 盐酸 (1∶1)，置于 80℃ 水浴锅中，时时摇动，在 2 min 30～45 s 之间使瓶内温度升至 67℃，保温 5 min，此时间内使容量瓶内温度升到 69.5℃，取出冷却至 35℃，加 2 滴 (5 g/L) 酚酞，用 300 g/L 氢氧化钠调至中性，冷却至 20℃后定容，30 min 后滴定。

预滴定和精滴定同乳糖标定。

蔗糖校正值 $f_2 = 10.5263 \times V_2 \times m_2 / AL_2$

$V_2$——滴定消耗蔗糖液量 mL

$m_2$——称取蔗糖质量 g

$AL_2$——查表得转化糖数 mg

④蔗糖的测定

取测定乳糖时的滤液 50 mL 于 100 mL 容量瓶中，其余步骤同蔗糖标定计算：

转化前转化糖质量分数（%）= $F_2 \times f_2 \times 0.25 \times 100 / V_1 \times m$

转化后转化糖质量分数（%）= $F_3 \times f_2 \times 0.5 \times 100 / V_2 \times m$

蔗糖含量（g/100g）=（$L_1 - L_2$）× 0.95

$L_1$——转化后糖量，g/100 g；

$L_2$——转化前糖量，g/100 g。

式中：

$F_2$——由测定乳糖时消耗样液的毫升数查表所得转化糖数，mg；

$f_2$——费林氏液蔗糖校正值；

$V_1$——滴定消耗滤液量，mL；

$m$——样品的质量，g；

$F_3$——由 $V_2$ 查得转化糖数，mg；

$V_2$——滴定消耗的转化液量，mL。

当蔗糖与乳糖之比超过 3∶1 时，则计算乳糖时应在滴定量中加入校正数(具体查表)。

**（3）注意事项**

①甲乙液必须临用时混合，目的是防止在碱性溶液中氢氧化铜被酒石酸钾钠缓慢地还原，而析出少量氧化亚铜，使氧化亚铜计量发生误差。

②甲液中加入浓硫酸的作用是防止硫酸铜水解，同离子效应。

③整个滴定过程必须在沸腾状态下进行，目的是为了加快反应速度和防止空气进入，避免氧化亚铜和还原型的次甲基蓝被空气氧化从而使得耗糖量增加。

④测定中滴定速度、热源强度和煮沸时间等都对测定精密度有很大的影响。热源强度（维持沸腾即可）和煮沸时间一定要严格按照操作中的规定执行，精密滴定整个过程约在 5 min 内完成（2 min 内沸腾、维持沸腾 2min、滴定 1min）。

⑤平行滴定中消耗样液差值应不超过 0.1 mL。

⑥蔗糖在本方法规定的水解条件下，可以完全水解，而其他双糖和淀粉等的水解作用很小，可忽略不计。所以必须严格控制水解条件，以确保结果的准确性和重现性。此外果糖在酸性溶液中易分解，所以水解结束后应立即取出并迅速冷却中和。

⑦ 0.95 的含义：蔗糖水解为葡萄糖和果糖。蔗糖分子量 342，而水解后 2 分子单糖的相对分子量为 360。则 342/360=0.95。即 1 g 转化糖相当于 0.95 g 蔗糖。

重复性：由同一分析人员在短时间间隔内测定的两个结果之间的差值，不应超过结果平均值的 1.5%。

重现性：由不同实验室的两个分析人员对同一样品测得的两个结果之差，不应超过结果平均值的 2.5%。

方法二：仪器法

取约 40 mL、30～40℃经过滤、混匀的样品倒入烧杯中，将烧杯放在全组分分析仪的吸样管下，选择相应经过校准的检测程序，按检测键开始检测，待电脑显示屏出现检测结果时，即可读数。检测时样品的温度为 20℃。

允许差：同一样品两次测定值之差 ≤ 1.0%，取两次测定的算术平均值作为结果，精确到小数点后一位。

表 1-4 乳糖及转化糖因数表（10 mL 费林氏液）

| 滴定量（mL） | 乳糖（mg） | 转化糖（mg） | 滴定量（mL） | 乳糖（mg） | 转化糖（mg） |
| --- | --- | --- | --- | --- | --- |
| 15 | 68.3 | 50.5 | 33 | 67.8 | 51.7 |
| 16 | 68.2 | 50.6 | 34 | 67.9 | 51.7 |
| 17 | 68.2 | 50.7 | 35 | 67.9 | 51.8 |
| 18 | 68.1 | 50.8 | 36 | 67.9 | 51.8 |
| 19 | 68.1 | 50.8 | 37 | 67.9 | 51.9 |
| 20 | 68.0 | 50.9 | 38 | 67.9 | 51.9 |
| 21 | 68.0 | 51.0 | 39 | 67.9 | 52.0 |
| 22 | 68.0 | 51.0 | 40 | 67.9 | 52.0 |
| 23 | 67.9 | 51.1 | 41 | 68.0 | 52.1 |
| 24 | 67.9 | 51.2 | 42 | 68.0 | 52.1 |
| 25 | 67.9 | 51.2 | 43 | 68.0 | 52.2 |
| 26 | 67.9 | 51.3 | 44 | 68.0 | 52.2 |
| 27 | 67.8 | 51.4 | 45 | 68.1 | 52.3 |
| 28 | 67.8 | 51.4 | 46 | 68.1 | 52.3 |
| 29 | 67.8 | 51.5 | 47 | 68.2 | 52.4 |
| 30 | 67.8 | 51.5 | 48 | 68.2 | 52.4 |
| 31 | 67.8 | 51.6 | 49 | 68.2 | 52.5 |
| 32 | 67.8 | 51.6 | 50 | 68.3 | 52.5 |

注："因数"系指与滴定量相对应的数目，可自表 1-4 中查得。若蔗糖含量与乳糖含量的比超过 3∶1 时，则在滴定量中加表 1-5 中的校正值后计算。

表 1-5 乳糖及转化糖因数表（10 mL 费林氏液）

| 滴定终点时所用的糖液量 (mL) | 用 10 mL 费林氏液、蔗糖及乳糖量的比 | |
|---|---|---|
| | 3∶1 | 6∶1 |
| 15 | 0.15 | 0.30 |
| 20 | 0.25 | 0.50 |
| 25 | 0.30 | 0.60 |
| 30 | 0.35 | 0.70 |
| 35 | 0.40 | 0.80 |
| 40 | 0.45 | 0.90 |
| 45 | 0.50 | 0.95 |
| 50 | 0.55 | 1.05 |

# 四、原料奶的入厂检验

## 1. 原料奶的入厂验收流程

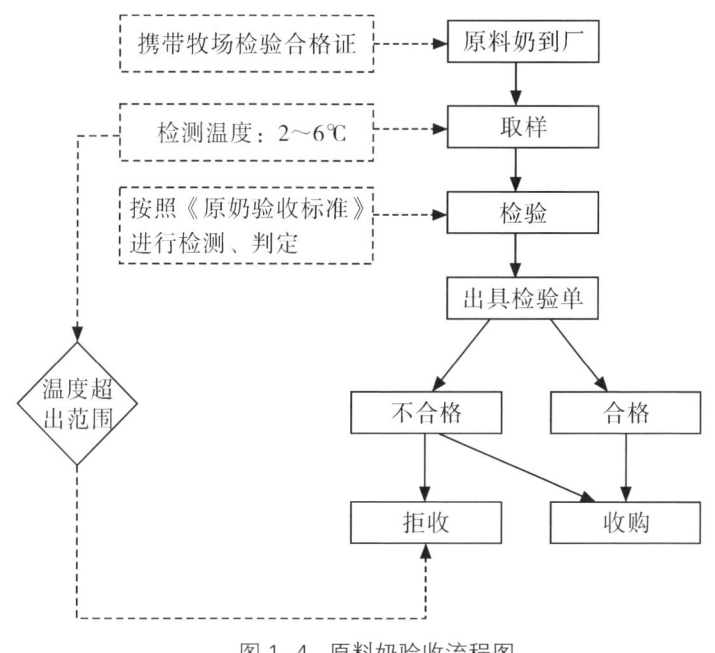

图 1-4 原料奶验收流程图

## 2.原料奶的入厂检验项目

检测依据为：GB19301—2010，符合原奶质量标准要求。加工厂收奶员从奶车上准确采样，进行如下检测：

必检：感官、酸度、酒精、杂质度、冰点、掺碱实验、抗生素、三聚氰胺、黄曲霉毒素、四环素、氯霉素、$\beta$-内酰胺酶、地塞米松、玉米赤霉素、理化检测、重金属污染。

抽检：喹诺酮、磺胺、安乃近、山梨酸。检测合格后方可收入。

## 3.原料奶检测步骤及方法

（1）**取样**：原料奶到厂后由车间前处理人员及品控部质检员进行监督取样，所取样应以最短时间送至化验室进行检测。所取样必须均匀，若同一奶车不同奶罐之间检测指标区别较大时需再次取样进行复测，连续复测三次仍然有较大区别时，将按检测实际结果出具检测报告单。取样规范性要求按照企业相关制度执行。

（2）**测温度**：送至化验室的牛奶样品在1 min之内检测温度，如若检测结果有偏差，可要求前处理人员与质检员到奶车的奶罐进行检测。最终结果以奶车检测结果为准。

（3）**编号**：为了方便检测结果的汇报、沟通以及提高复测效率，需对奶车奶罐进行编号——从车头至尾依次为第①罐、第②罐、第③罐……那么对应的所取的牛奶样品序号依次为第①罐、第②罐、第③罐……混合样（最后一个样为所有奶罐样品的等量混合）。另外，将混合样用无菌留样容器进行留样100 mL，做好标记后交由微生物检测员进行原料奶的入厂微生物检测。

（4）**感官特性**：将剩余的混合样牛奶进行煮沸，煮沸后滋气味比较显著，利于判别。

①色泽：应呈现白色或微带黄色；
②组织状态：呈均匀一致液体、无凝块、无沉淀、无正常视力可见异物。
③滋气味：应有牛乳特有的香味、无异味。
④口感：醇香、无异味。

感官特性检测后将经煮沸的牛奶样品进行冷却，需冷却至20℃，以备检测熟乳。

（5）预处理：将编号的样品依次水浴升温至20℃，在升温过程中要不地断搅拌使得样品温度均匀，将升温的样品按照编号按次序摆放，以备下一步检测。

以下（6）～（8），按照编号每个罐都需检测，且检测温度需是20℃。

（6）测比重：依次按照编号检测比重，并做好记录。

（7）测酒精：按照编号依次取2 mL牛奶样品分别置于酒精试管内，每个试管分别再取2 mL 75%的酒精溶液，每一个酒精管充分快速地晃动三下（最多晃动三下，否则会影响结果的判定）后进行感官判定，若试管壁无絮状则判定75%酒精为阴性，记录形式为75%–（阴性）、75%+/–（弱阳）、75%+（阳性）。

（8）测脂肪、蛋白：按照编号次序依次进行检测，检测前需将样品搅拌均匀。

以下（9）～（10），只检测混合样，且检测温度需是20℃。

（9）测掺假：具体检测方法参看《掺假检测》部分。

（10）测酸度：需检测冷酸（原料奶预热到20℃时得的酸度）、热酸（煮沸后的牛乳冷却至20℃时测得的酸度），一般冷酸略高于热酸（企业可自行制定冷酸、热酸收购标准范围，例：有的企业收购标准冷酸13～17ºT，热酸12～17ºT）。

测pH：需测冷pH（原料奶预热到20℃时测得的pH）、热pH(煮沸后的牛乳冷却至20℃时测得的pH)，一般冷pH略低于热pH。pH范围6.45–6.90。

## 五、原料奶的掺假检测

### 1. 掺假概述

人为向天然牛乳中添加廉价或没有营养价值的物质，或为了掩盖生鲜牛乳真实的质量而加入防腐物质，或是为了提高牛乳品质而加入非食用物质或有毒有害物质等行为，均可称为"掺杂使假"。

一是奶农为了提高牛乳的指标，达到增加收入的目的，这类掺假主要是非电解质物质，如糊精、淀粉、糖类、脂肪粉、乳清粉等，当然也有掺入铵盐等电解质，特点是掺入量比较大。

二是奶农为了降低微生物水平，达到提高原奶收购价的目的，这类掺假主要是掺入防腐剂，如双氧水、纯碱、苯甲酸盐、山梨酸盐、可能还会有单酯类或者中等长度的不饱和脂肪酸（注：单酯类物质和中等长度的不饱和脂肪酸在可以防腐的同时，还可以提高指标，如单月桂酸单酯、单辛酸单酯、油酸、亚油酸等），这些物质的添加量一般是少量的（单酯类有可能添加量较多），有电解质也有非电解质。就目前来看，这类掺假所占比例是相当高的。

三是原料奶已经变质，通过掺入其他物质以稳定奶的性状，达到蒙混过关的目的。一般来说，原奶在正常的挤奶、冷却、储藏、运输过程中是不会变质的，成规模的集体饲养、集中挤奶是不会出现变质现象的，但如果原料奶中包含一定量的散户奶，则质量就很难保证，这部分原料奶即使是不变质，微生物数量也是十分高的，一般平均都会超过 150 万 /ml。为了防止原奶的变质或者改变变质奶的性状，掺入的物质主要有火碱、尿素、柠檬酸盐等。

从以上所述可以看出，掺假所掺入的物质基本可分为电解质物质和非电解质物质，电解质物质主要为：火碱、亚硝酸盐、硝酸盐、钠盐、铵盐、钾盐等。非电解质物质主要为糊精、淀粉、糖类、脂肪、乳清粉、高级脂肪酸等。从食品安全角度上可分为危险性物质和安全性物质，危险性物质如双氧水、亚盐；安全性物质如糊精、糖。所有上述物质，对天然乳来讲，均属异物，都是为了掩盖乳的真实质量。

## 2. 掺假物质分类

**（1）电解质物质**

①向牛奶中添加电解质类物质，可以提高牛奶的比重，以便掺水。如：食盐、硫酸铅、化肥、硝酸盐、亚硝酸盐等。

②向牛乳中添加各种碱类物质，可防止牛乳酸化，如：碳酸氢钠、石灰水、碳酸钠等。

③增加牛奶浑浊度物质，如：洗衣粉。

**（2）非电解质类物质**

加入这类物质的目的也是增加比重，便于掺水。如：尿素、蔗糖等。

**（3）胶体类物质**

这类物质能增加牛奶的黏度，检验时没有稀薄感，同时又可掩盖各种能增加比重的各类掺杂物质。

**（4）防腐类物质**

这类物质能不同程度的起到杀菌和抑菌作用。

①防腐类物质：甲醛、苯甲酸、硼酸、双氧水、亚硝酸钠等；

②抗生素物质。

## 3. 可掺杂物质的系统检验

**（1）对掺入电解质类**

应以检测导电率为主，结合滴定酸度、牛奶比重和脂肪含量三项指标检测结果综合分析。

**（2）对掺入非电解质物质**

以测定乳样的冰点为主，结合观察滴定酸度、比重和脂肪含量的测定结果综合判定。

**（3）对掺入胶体类物质**

应以乳样的乳清比重测定为主，再结合冰点、滴定酸度、脂肪含量的测定结果综合判定。

**（4）对掺入白陶土、白球粉等物质**

由于这类物质是不溶解的，可以采用静置或离心沉淀的方法观察试管底部和壁上的沉淀物。

## 4. 掺假检验

**（1）掺碱**

方法一：玫瑰红酸法（仲裁法）

①原理：鲜奶中如掺碱，可使指示剂变色，根据颜色的不同，粗略判断加碱量的多少。

②试剂配制

玫瑰红酸（0.05% 乙醇溶液）：称取 0.05 g 玫瑰红酸溶于 100 mL 95% 的乙醇中。

③检验方法：在盛有 2 mL 牛乳的试管中加入 2 mL 玫瑰红酸溶液，摇匀，观察颜色变化。

④结果判定：正常乳显示玫瑰色、非正常乳显示粉红色。

注：牛奶酸度及新鲜度影响最终颜色的判定，酸度越高、新鲜度越差最终颜色越黄。

方法二：溴麝香草酚蓝法

①仪器：18 mm×180 mm 试管、试管架、2 mL 吸管。

②原理：鲜乳中如掺碱物质，可使指示剂变色，由颜色的不同，大概判断加碱量的多少。

③试剂配制：取 0.04 g 溴百里香草酚兰（溴麝香草酚兰）溶于 100 mL 95% 分析纯乙醇中。

④方法：取乳样约 2 mL 于小试管中，沿管壁慢慢加入指示剂约 0.5 mL，将试管轻轻斜转 2～3 圈，然后垂直放置 2 min 后，观察指示剂与样品接触面颜色特征以判定检验结果。同时用不含碱的正常生鲜牛乳作空白对照。

⑤结果判定

正常奶：黄色

掺碱奶：0.03% 黄绿色　　　　　0.05% 淡绿色

　　　　0.1% 绿色　　　　　　0.3% 深绿色

　　　　0.5% 青绿色　　　　　0.7% 淡青色

　　　　1.0% 青色　　　　　　1.5% 深青色

⑥注意事项

掺水乳（因水的 pH 大都在 7～9 之间）、掺洗衣粉乳（因洗衣粉中加有碳酸钠）、患乳房炎乳（因为细菌分解乳酪蛋白产生氨及乳房代谢功能的改变而造成 pH 升高）与掺碱指示剂的接触面均可呈黄绿至淡绿色。

（2）掺食盐

①仪器：2 mL 吸管、18 mm×180 mm 试管。

②试剂配制

9.6 g/L 硝酸银溶液：取分析纯硝酸银置于 105℃ 烘箱内烘 30 min，取出放在干燥器内冷却后，称取 9.6 g 溶于 1 000 mL 蒸馏水中。

100 g/L 铬酸钾溶液：称取分析纯铬酸钾 10 g 溶于 100 mL 蒸馏水中。

注：硝酸银溶液应储存于棕色试剂瓶备用。

③原理：鲜奶中氯化物与硝酸银反应，生成氯化银沉淀，用铬酸钾指示剂，当牛奶中的氯化物与硝酸银作用后，过量的硝酸银与铬酸钾生成砖红色的 $Ag_2CrO_4$ 沉淀。

④实验方法：取 2 mL 牛乳于试管中，加入 100 g/L 铬酸钾溶液 5 滴，摇匀，再加入 9.6 g/L 硝酸银溶液 1.5 mL，摇匀后，立即观察结果。

注：在加入硝酸银后，应立即观察颜色，做出判定；否则，判定结果会偏高。

⑤结果判定：正常乳应呈现砖红色、不正常乳呈现黄色。

⑥注意事项

a. 试剂加入顺序不同影响测定结果，先加入硝酸银其结果偏高，因此应按"牛奶+指示剂+硝酸银"或"指示剂+牛奶+硝酸银"的顺序进行。

b. 日常试验应尽量在 20℃ 左右的室温下进行，仲裁试验必须在 20℃ 条件下进行。

（3）掺硝酸盐、亚硝酸盐

方法一：酸萘乙二胺法

①原理

在弱酸性条件下，亚硝酸盐与对氨基苯磺酸重氮化，再与 α–萘胺偶合形成紫红色染料。

$$① \ 2HCl+NaNO_2+H_2N-\phi-SO_3H \xrightarrow{重氮化} Cl-N=N-\phi-SO_3H+NaCl+2H_2O$$
或醋酸

$$② \ 2HCl \cdot H_2NH_2CH_2CHN-\text{(naphthyl)} + Cl-N=N-\phi-SO_3H \xrightarrow{偶合}$$
或醋酸　盐酸乙二胺

$$2HCl \cdot H_2NH_2CH_2CH-\text{(naphthyl)}-N=N-\phi-SO_3H+HCl$$
紫红色

鲜奶中的亚硝酸盐与显色试剂作用，形成红色的化合物；鲜奶中的硝酸盐被还原成亚硝酸盐后，再与显色试剂形成红色化合物。

②试剂

显色剂：称取对氨基苯磺酸 0.6 g，甲萘胺 0.2 g，甲萘酚 0.1 g，溶于 400 mL、50% 的醋酸溶液中，置于棕色试剂瓶中保存。

还原剂：硫酸钡 44.0 g，硫酸锰 5.0 g，锌粉 1.0 g，混合在一起，干燥研磨成细粉末，密闭保存。

③检验方法

检验硝酸盐：吸取 2.0 mL 牛乳于试管中，加入还原剂约 0.1 g 混匀，加显色剂 0.5～1.0 mL 摇匀，观察颜色。

检验亚硝酸盐：吸取 2.0 mL 牛乳于试管中，加显色剂 0.5～1.0 mL 摇匀，观察颜色。

④结果判定

掺假乳：微粉—水粉—粉红—红色

（根据颜色的深浅判断硝酸盐和亚硝酸盐含量的大小，见表1-6）。

正常乳：无色

表1-6 硝酸盐和亚硝酸盐含量结果判定表

| 奶样颜色 | 亚硝酸盐量 | 结论判定 |
| --- | --- | --- |
| 白色 | 无亚酸硝盐 | 合格乳 |
| 微粉色 | 含亚硝酸盐 0.2 mg/kg | 异常乳 |
| 水粉色 | 含亚硝酸盐 0.3 mg/kg | 异常乳 |
| 粉红色 | 含亚硝酸盐 ≥ 0.4 mg/kg | 严重异常乳 |

方法二：固体试剂法

①原理

鲜奶中的亚硝酸盐与显色试剂作用，形成红色的化合物；鲜奶中的硝酸盐被还原成亚硝酸盐后，再与显色试剂形成红色化合物。

②试剂

鲜奶亚硝酸盐和硝酸盐试剂。

③操作方法

取鲜奶亚硝酸盐或硝酸盐试剂（按试剂说明添加）到试管中，加入被检奶样，震荡，必要时加热溶解，1～2 min 观察结果。

④结果判定

正常乳：呈无色

掺亚硝酸盐或硝酸盐乳：呈粉红色,且随着掺入量的增加,颜色逐渐加深。

⑤注意事项

a. 药品瓶必须用颜色较深的纸包好避光保存。

b. 药品置于干燥的环境中保存,最好放在干燥器中。

c. 已打开包装的药品要密封好后置于干燥器中避光保存,如果发现有结块现象应立即停止使用。

**（4）掺淀粉**

①原理

为了提高牛乳的稠度和非脂固体物的含量,往往在牛乳中加入淀粉或糊精,也有的直接加入米汁,对这类掺假可用碘—淀粉反应检出。反应方程式：

$$nI_2 + 6n(C_6H_{10}O_5) \rightarrow 2n(C_{18}H_{30}O_{15}I)$$

当碘液与淀粉接触时,碘分子能进入淀粉分子的螺旋内部,平均每六个葡萄糖单位(每圈螺旋)可以束缚一个碘分子,整个直链淀粉分子可以束缚大量的碘分子,这就形成了淀粉—碘的复合物显蓝色。对于支链淀粉(如糊精)则呈红紫色。

②试剂

KI—I 试剂：碘化钾 8 g 加碘 2 g 先用大约 20 mL 的蒸馏水溶解,然后定容至 100 mL。

③方法

取乳 2 mL,加热煮沸,观察乳液是否有沉积现象,冷却至室温后加入 3～5 滴 KI—I 试剂。

④结果判定

正常奶：呈黄色；

掺淀粉奶：呈蓝色或有青蓝色沉淀物出现。

**（5）掺过氧化氢**

方法一：半定量试纸条法

①原理：过氧化氢酶将过氧化氢的氧转移至有机的氧化还原指示剂,形成一种蓝色的氧化产物。

②药品：半定量试纸条。

③操作方法：取一试纸条后,立即密封保存。将试纸条浸入待测溶液 1 s,

将反应区充分浸润。轻轻移开试纸条，抖落过量的水分，15 s 后将反应区的颜色与标准比色条对比。

④结果判定：通过与标准色对比，确定牛乳中的过氧化氢含量，如发现检测中试纸的蓝色过深，是由于过氧化氢的含量过高而导致。

⑤注意事项：未开启包装的试纸条应在冰箱中保存，开封后应尽可能干燥低温保存。尽量在 10 ～ 25℃保存。

方法二：碘化钾—淀粉方法

①原理：过氧化氢在酸性条件下，能使碘化物氧化析出碘，KI—I 与淀粉反应呈蓝色。

②试剂

淀粉溶液：溶解 3 g 可溶性淀粉于 10 mL 水中，然后将其慢慢倒入 100 mL 沸水中，边加边搅拌，溶解完全后，使溶液冷却。现用现配。

碘化钾淀粉溶液：将 3 g 碘化钾溶解于 5 mL 水中，将其倒入淀粉溶液中，搅拌均匀。现用现配。

硫酸溶液配制：浓硫酸：水 =1：1

③操作步骤：吸取 1 mL 鲜奶于试管中，加入 0.2 mL 碘化钾淀粉溶液，混匀。然后加入硫酸溶液 1 滴，摇匀，1 min 内观察颜色变化。

④结果判定：

正常乳：呈乳白色

掺过氧化氢：呈蓝色，且随着掺入量的增加颜色逐渐加深。

（6）掺硫代硫酸钠（熟乳）

①实验原理

$$I_2 + 2S_2O_3^{2-} = 2I^- + S_4O_6^{2-}$$

碘与淀粉在有 $I^-$ 存在时能形成一种蓝色可溶性的吸附化合物，当加入硫代硫酸钠后，硫代硫酸钠与碘反应，从而使蓝色消失。

②实验试剂

碘—碘化钾溶液：7 g 碘与 18 g 碘化钾溶于 100 mL 水中，稀释至 1 000 mL。贮存于棕色试剂瓶中，避光保存。

10 g/L 淀粉指示剂，现用现配：称取 10.0 g 淀粉放入 100 mL 烧杯，量取 1 000 mL 蒸馏水，先用数滴把淀粉调成糊状，再取约 700 mL 水在电炉上加热至微沸时，倒入糊状淀粉，再用剩余蒸馏水冲洗 100 mL 烧杯 3 次，洗液倒入烧杯，然后再加入 1 滴 10% 的盐酸，微沸 3 min。

注：a. 加入盐酸是为了淀粉指示剂更加稳定；

　　b. 指示剂用量不大时可只配制 100 mL 或 200 mL。

③方法

取 2 mL 牛奶，加入 2 滴淀粉指示剂，摇匀后，加入 0.05 mL 碘—碘化钾溶液，立即摇匀后观察颜色。

④结果判定

正常色：蓝色（不可能把所有的蓝颜色逐一列出，只要是蓝色系列均为正常色）。

**（7）掺水解蛋白**

①原理

用硝酸汞沉淀方法除去乳酪蛋白，但水解蛋白不会被除去，并与饱和的苦味酸溶液会产生沉淀反应。

加入硝酸汞即可使乳中蛋白质变性凝聚，通过过滤操作即可除去，但水解蛋白实际上为低聚肽类，硝酸汞与其不发生沉淀反应，通过该步骤即可实现乳中固有蛋白与人为加入的蛋白质成分分离。因苦味酸具有比硝酸汞更强的沉淀作用，其与低聚肽中的碱性基团（氨基）作用即可形成难溶的有机盐类沉淀，故使体系出现浑浊，当水解蛋白在奶样中含量高于 1% 时，此操作步骤则会较快出现浅黄色沉淀析出的现象。

②试剂仪器

5% 硝酸汞、饱和苦味酸、漏斗、滤纸、试管、移液管。

③操作

试管中加 → 5 mL 试样→ 5 mL 硝酸汞(5%)，混匀，静置 5 min，过滤，取滤液，加 2 mL → 0.6 mL 饱和苦味酸混匀，有淡黄色浑浊出现，为阳性。

注：饱和苦味酸添加时避免滤液晃动，沿滤液试管壁慢慢加入苦味酸溶液约 0.6 mL 形成环状接触面。

④结果判定

环层颜色清亮者为不含蛋白粉乳（合格乳），环层为白色环状者判定为含蛋白粉乳（异常乳）。原料乳中掺蛋白粉越多，该试验的白色环状越明显。

该试验的最低检出量为 0.05%。

**（8）奶牛乳房炎乳**

奶牛乳房炎是指由多种病因引起的乳房炎症，其主要特点是乳汁发生理化性质以及细菌学变化，乳腺组织发生病理学变化。乳房炎乳是指奶牛患乳房炎后所产的牛乳。其牛乳理化性质和营养成分将发生改变；乳汁中的病原体及其毒素和残留的抗生素均威胁乳制品的安全，损害消费者的身体健康。

①试剂配制

称取 60 g 碳酸钠（$NaCO_3 \cdot 10H_2O$）溶于 100 mL 蒸馏水中，称取 40 g 无水氯化钙溶于 300 mL 蒸馏水中。两者须均匀搅拌、加温、过滤，然后将两种滤液倾注在一起，予以混合、搅拌、加温和过滤，然后在该混合滤液中加入等量的 15% 氢氧化钠溶液，继续搅拌、加温，过滤后即为试剂。加入溴甲酚紫于试剂内，有助于结果的观察。试剂宜放在棕色玻璃瓶中保存。

②仪器

吸管：0.5 mL，5 mL；白色平皿。

③实验方法

吸取乳样 3 mL 于白色平皿中，加 0.5 mL 试剂，立即回转混合，约 10 s 后观察结果（见表 1-7）。

④结果判定

表 1-7 奶牛乳房炎判定表

| 现象 | 结果 |
| --- | --- |
| 无沉淀及絮片 | －（阴性） |
| 稍有沉淀发生 | ±（可疑） |
| 确定有沉淀（片、条） | ＋（阳性） |
| 形成黏稠性团块继而分为薄片 | ＋＋（强阳性） |
| 有持续性的黏稠性团块（凝胶） | ＋＋＋（强阳性） |

牛乳中体细胞数含量为乳房健康程度的指标，且与产乳量有密不可分的关系，也可以通过采用体细胞快速检验仪来判断牛的乳房健康状况。

**（9）抗生素残留**

方法一：嗜热链球菌抑制法

①范围

鲜乳中抗生素残留的检验，适用于能抑制嗜热乳酸链球菌的抗生素的检验。

②设备和材料

除微生物实验室常规灭菌及培养设备外，其他设备和材料如下：

a. 冰箱：5～20℃。

b. 恒温培养箱：（36±1）℃。

c. 恒温水浴锅：（36±1）℃、（80±2）℃。

d. 天平：0.1 g、0.001 g。

e. 灭菌吸管：1 mL（具 0.01 mL 刻度）、10 mL（具 0.1 mL 刻度）或微量移液管及吸头。

f. 灭菌吸管：18 mm×180 mm。

g. 0～100℃温度计。

h. 旋涡混匀器。

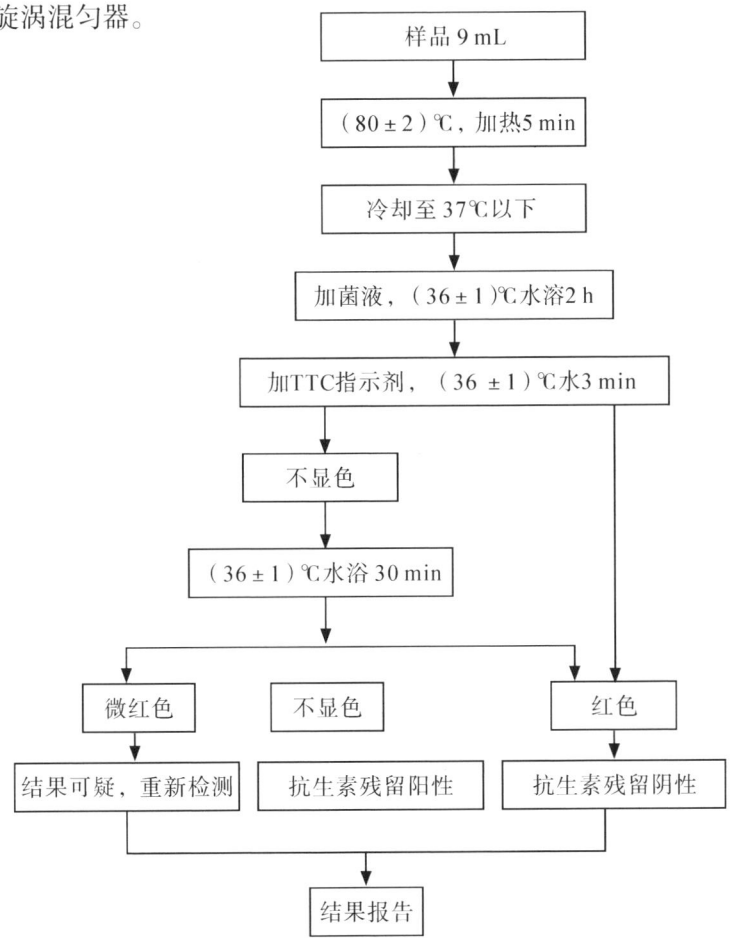

图 1-5 鲜乳中抗生素残留检验程序

③菌种、培养基和试剂

a.菌种：嗜热链球菌。

b.灭菌脱脂乳：经115℃灭菌20 min。

c.4% 2，3，5-氯化三苯四氮唑（TTC）水溶液：称取1 gTTC，溶于5 mL灭菌蒸馏水中，装褐色瓶内于2～5℃冰箱保存，临用时用灭菌蒸馏水稀释至五倍，则为4%水溶液。如遇溶液变为半透明白色或淡褐色，则不能再使用。

④检验程序

鲜乳中抗生素残留检验程序见图1-5。

⑤操作步骤

a.活化菌种：取一接种环嗜热链球菌菌种，接种在9 mL灭菌脱脂乳中，置于（36±1）℃恒温培养箱中培养12～15 h后，置于2～5℃冰箱保存备用，每15 d转种一次。

b.测试菌液：将经过活化的嗜热链球菌菌种接种灭菌脱脂乳，（36±1）℃培养（15±1）h，加入相同体积的灭菌脱脂乳混匀稀释成为测试菌液。

c.培养：取检样9 mL，置18 mm×180 mm试管内，每份样品另外做一份平行样，同时再做阴性和阳性对照各一份，阳性对照管用9 mL青霉素G参照溶液，阴性对照管用9 mL灭菌脱脂乳，所有试管置（80±2）℃水浴加热5 min，冷却至37℃以下，加入测试菌液1 mL，轻轻旋转试管混匀。（36±1）℃水浴培养2 h，加4% TTC水溶液0.3 mL，在旋涡混匀器上混合15 s，（36±1）℃水浴避光培养30 min，观察颜色变化。如果没有颜色变化，于水浴中继续避光培养30 min作最终观察，观察时要迅速，避免光照过久出现干扰。

⑥判断方法

在白色背景前观察，试管中样品呈乳的原色时，指示乳中有抗生素存在，为阳性结果，试管中样品呈红色为阴性结果，如最终观察现象仍为可疑，建议重新检测。

乳中有抗生素存在，则检样中虽加菌液培养物，但因细菌的繁殖受到抑制，因此指示剂TTC不还原，不显色。与此相反，如果没有抗生素存在，则加入菌液即行增殖，TTC被还原而显红色，也就是说检样呈乳的原色为阳性，呈红色为阴性。具体内容见表1-8和表1-9。

表1-8 显色状态判断标准

| 显色状态 | 判断 |
|---|---|
| 未显色者 | 阳性 |
| 微红色者 | 可疑 |
| 桃红色—红色 | 阴性 |

表1-9 检测各种抗生素的灵敏度

| 抗生素名称 | 最低检出量 |
|---|---|
| 青霉素 | 0.004 单位 |
| 链霉素 | 0.5 单位 |
| 庆大霉素 | 0.4 单位 |
| 卡那霉素 | 5 单位 |

方法二：试纸快速检测法

①试剂仪器：易瑞生物的抗生素检测试剂，微孔试剂，测试试纸条，读数器，移液枪，温育器。

②检测步骤

牛乳中（$\beta$-内酰胺类＋头孢氨苄）抗生素二联快速检测试纸条。

③操作方法

a. 取 200μL 奶样加入到试剂微孔中，抽吸 5～10 次直至微孔试剂混合均匀，肉眼观察无颗粒；

b.（40±2）℃下温育 3 min；

c. 将测试条插入到试剂微孔中；

d.（40±2）℃下温育 5 min；

e. 从微孔中取出测试条，轻轻刮去测试条下端的吸水海绵，并进行结果判读（见表1-10）。

表1-10 牛乳中（$\beta$-内酰胺类＋头孢氨苄）抗生素二联快速检测试纸条检出限（μg/kg）

| $\beta$-内酰胺类 | 国家限量 | 检测出 | $\beta$-内酰胺类 | 国家限量 | 检测出 |
|---|---|---|---|---|---|
| 青霉素 G | 4 | 3～3.2 | 头孢匹林 | / | 12～15 |
| 阿莫西林 | 10 | 5～7 | 头孢唑林 | / | 50～70 |
| 氨苄西林 | 10 | 5～7 | 头孢哌酮 | / | 6～8 |
| 氯唑西林 | 30 | 8～12 | 头孢噻呋 | 100 | 80～100 |
| 苯夫西林 | / | 20～35 | 头孢噻肟 | 20 | 12～18 |
| 苯唑西林 | 30 | 8～12 | 头孢乙腈 | / | 30～40 |
| 双氯西林 | / | 8～10 | 头孢洛宁 | / | 12～15 |
| 哌拉西林 | / | 8～10 | 头孢噻吩 | / | 40～50 |
| 头孢氨苄 | 100 | 50～70 | | | |

取样　　　加样并混匀　　40℃温育　　插入试纸条　　直接判读结果　仪器判读结果

④结果判读：目测

表1-11　奶牛乳房炎判定表

| 检测线（T线）与控制线（C线）颜色深浅比较 | 结果判断 | 结果分析 |
| --- | --- | --- |
| T>C线 | 阴性 | 说明检测的样品中该类抗生素残留量低于本产品的检出限 |
| T线≤C线或T线不显色 | 阳性 | 说明检测的样品中该类抗生素残留量等于或高于本产品的检出限 |
| 注意：遇到可疑阳性样品时，可在3 min后再次观察结果，并进行判读。 | | |

图1-6　判断示意图

⑤结果判读：仪器判读

a. 如果使用读数仪进行结果判断，请于反应完成5 min内读取结果。

b. 具体请参照读数仪的使用说明书。

c. 阴性结果$R>1.1$，阳性结果$R \leq 1.1$。

**（10）掺三聚氰胺**

三聚氰胺（英文名：Melamine），是一种三嗪类含氮杂环有机化合物，重要的化工原料。简称三胺，俗称蜜胺、蛋白精，又名"1,3,5-三嗪-2,4,6-三氨基"。它是白色单斜晶体，几乎无味，微溶于水（3.1 g/L 常温），可溶于甲醇、甲醛、乙酸、热乙二醇、甘油、吡啶等，不溶于丙酮、醚类、对身体有害，不可用于食品加工或食品添加剂。

三聚氰胺是一种低毒的化工原料。动物实验结果表明，在动物体内新陈代谢很快而且不会存留，主要影响泌尿系统。根据美国食物及药物管理局的标准，三聚氰胺每日可容忍摄入量为 0.63 mg/kg 体重。

食品工业中常常需要测定食品的蛋白质含量，由于直接测定蛋白质的技术比较复杂，所以常用凯氏定氮法，通过测定氮原子的含量来间接推算食品中蛋白质的含量。由于三聚氰胺（含氮量66%）与蛋白质（平均含氮量16%）相比含有更高比例的氮原子，所以被一些造假者利用，添加在食品中以造成食品蛋白质含量较高的假象。

三聚氰胺检测方法有很多种，主要有配位化学法、试剂盒半定量检测法、三聚氰胺快速检测法、三聚氰胺高效液相色谱法等。试剂盒半定量检测属于定量分析法，而配位化学法与三聚氰胺胶体金试纸卡法属于定性分析法，但针对原奶收购环节必须迅速冷藏这一特性，三聚氰胺胶体金试纸卡法更为直观有效。

方法一：三聚氰胺胶体金试纸卡检测

①检测原理

该方法用高度特异性的抗原抗体反应及免疫层析分析技术，检测卡中含有被预先固定于检测 T 带的三聚氰胺偶联物和被胶体金标记的抗三聚氰胺单克隆抗体，检测时样品中的抗原和标记抗体竞争结合成三聚氰胺偶联物。

样品溶液中的三聚氰胺与金标抗体相结合，进而封闭金标抗体上三聚氰胺的抗原结合位点，阻止金标抗体与纤维素膜上三聚氰胺偶联物结合，使 T 带之显色较弱，甚至不显色；反之，如样品溶液中没有三聚氰胺或在阈值以下，则不能阻止金标抗体与纤维素膜上的三聚氰胺偶联物结合，从而使 T 带显色较强。

②检测方法

操作步骤

a. 在进行测试前必须先完整阅读使用说明书。

b. 将试剂盒及样本置于室温（18～25℃）平衡。

c. 打开铝箔袋，取出试剂条，正面朝上置于干燥、洁净的台面上。

d. 将处理好的样品加入试纸条加样区。

e. 等待紫红色条带的出现，测试结果应在 3～10 min 内判读并记录结果。10 min 后判定无效。

③结果判定

a. 阳性（+）：仅质控区（C）出现一条紫红色条带，在测试区（T）内无紫红色条带或出现淡淡的紫红色条带。阳性结果表明，待测物在阈值以上。

b. 阴性：出现两条紫红色条带。一条位于检测区（T）内，另一条位于质控区内（C）内。阴性结果表明，待测物在阈值以下。

c. 失效：质控区（C）未出现紫红色条带，表明操作过程不正确或试剂盒已变质损坏。在此情况下，应再次仔细阅读说明书，并用新的试剂盒重新测试。如果问题仍然存在，应立即停止使用此批号产品，并与当地供应商联系。

④注意事项

a. 本试纸条仅供科研使用，仅用于检测奶、奶制品、食品、饲料中的三聚氰胺。

b. 避免在过高温度下进行实验。

c. 试纸条从包装中取出后，应尽快进行实验，避免长时间放置于空气中，导致受潮。

方法二：其他检测方法

其他检测方法参看 GB/T22388—2008《原料乳与乳制品中三聚氰胺检测方法》和 GB/T 22400—2008《原料乳中三聚氰胺快速检测 2 液相色谱法》

（11）黄曲霉毒素 $M_1$

方法一：试纸快速检测法

①试剂仪器：易瑞生物抗生素检测试剂，微孔试剂、测试试纸条、读数器、移液枪，温育器。

②操作方法：

a. 取 200μL 奶样加入试剂微孔中，抽吸 5～10 次直至微孔试剂混合均匀，肉眼观察无颗粒；

b.（40±2）℃温育 3 min；

c. 将测试条插入到试剂微孔中；

d.（40±2）℃温育 4 min；

e. 从微孔中取出测试条,轻轻刮去测试条下端的吸水海绵,并进行结果判读(见表1-12)。

表1-12　牛乳中黄曲霉素 $M_1$ 快速检测试纸条检出限(μg/kg)

| 货号 | 国家限量 | 检测出 |
| --- | --- | --- |
| YRM1004-0.1 |  | 0.5～0.1 |
| YRM1004-0.2 | 0.5 | 0.2～0.3 |
| YRM1004-0.3 |  | 0.25～0.35 |

取样　　加样并混匀　　40℃温育　　插入试纸条　　直接判读结果　　仪器判读结果

③结果判读:目测

表1-13　牛乳中黄曲霉素 $M_1$ 快速检测判定表

| 检测线(T线)与控制线(C线)颜色深浅比较 | 结果判断 | 结果分析 |
| --- | --- | --- |
| T＞C线 | 阴性 | 说明检测的样品中该类抗生素残留量低于本产品的检出限 |
| T线≤C线或T线不显色 | 阳性 | 说明检测的样品中该类抗生素残留量等于或高于本产品的检出限 |
| 注意:遇到可疑阳性样品时,可在3分钟后再次观察结果,并进行判读。 | | |

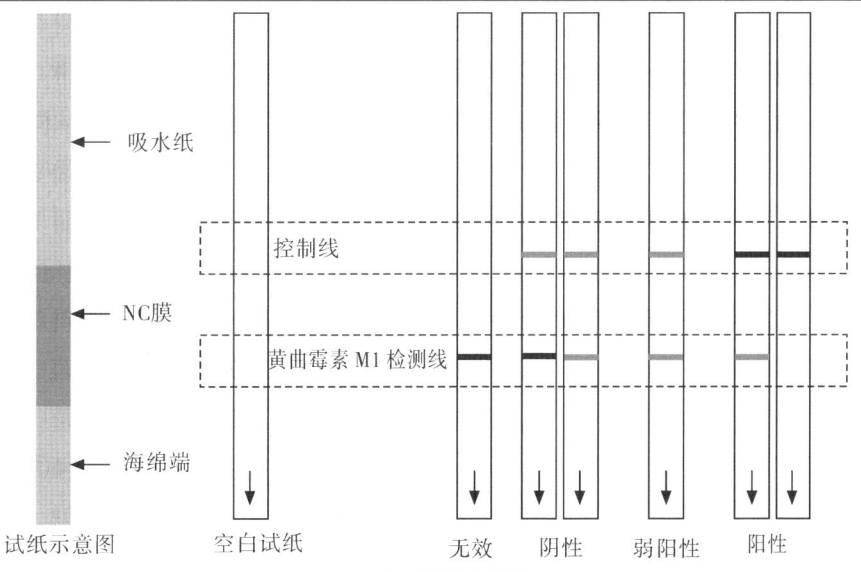

图1-7　判断示意图

④结果判读：B 仪器判读

a. 如果使用读数仪进行结果判断，请于反应完成 5 min 内读取结果。

b. 具体请参照读数仪的使用说明书。

c. 阴性结果 $R > 1.1$，阳性结果 $R \leq 1.1$。

方法二：免疫层析净化荧光分光度法（参照国标 GB5413.37-2010 检测）

①试剂

a. 甲醇：水（1∶9）：取 10 mL 甲醇加入 90 mL 水中。

b. 甲醇：水（8∶2）：取 80 mL 甲醇加入 20 mL 水中。

c. 溴溶液储备液（0.01%）：称取适量溴，溶于水后，配制 0.01% 的储备液，避光保存（为方便称量和计算应称取 0.5 g 溶于 50 mL 水）。

d. 溴溶液工作液（0.002%）：取 10 mL 0.01% 的溴溶液储备液加入 40 mL 水混匀，于棕色瓶中保存备用，现用现配。

e. 硫酸溶液（0.05 mol/L）：取 2.8 mL 浓硫酸，缓慢加入适量水中，冷却后定容到 1 000 mL（注意浓酸与浓碱的使用）。

f. 荧光光度计校准溶液：称取 0.340 g 二水硫酸奎宁，用 0.05 mol/L 硫酸溶液溶解并定容至 100 mL，此溶液荧光光度计读数相当于 2.0 μg/L 黄曲霉毒素 $M_1$ 标准溶液。0.05 mol/L 硫酸溶液荧光光度计读数相当于 0.0 μg/L 黄曲霉毒素 $M_1$。

②检测步骤

a. 试样提取：取 50 mL 奶样，同时做空白试验（即取水代替试样）。加入 1.0 g 氯化钠，7 000 r/min 离心 10 min（如实验室离心机最高 5 000 r/min，可以离心 20 min）小心移取乳底脱脂层，不要碰触顶部脂肪层，将脱脂的乳用玻璃纤维滤纸过滤后备用。

b. 净化：将免疫亲和柱连接于 10 mL 注射器下，准确移取 10.0 mL 上述溶液注入注射器中，将空气压力泵与注射器连接，调节压力使溶液以约 6 mL/min 流速缓慢通过免疫亲和柱，直至 2～3 mL 空气通过柱体。以 10 mL 甲醇：水（1∶9）清洗柱子两次，弃去全部流出液，并使 2～3 mL 空气通过柱体。准确加入 1.0 mL 甲醇：水（8∶2）洗脱液洗脱，流速为 1.0～2.0 mL/min，收集全部洗脱液于玻璃试管中，备用。

c. 荧光光度计的校准：在激发波长 360 nm，发射波长 450 nm 条件下，以 0.05 mol/L 的硫酸溶液为空白，调节荧光光度计的读数值为 0.0 μg/L，以荧光光度计校准溶液调节荧光光度计的读数值为 2.0 μg/L。

d. 样液的测定：取上述洗脱液加入 1.0 mL 0.002% 溴溶液，1 min 后立即读取荧光光度计测定样液中黄曲霉毒素 $M_1$ 含量 $C_1$。

e. 空白试验

用水代替试样，按 a～d 的步骤做空白试验。

③分析结果的表达

$$X=(C_1-C_0)\times V_1\times 10/V$$

牛乳黄曲霉毒素检测标准参看 GB5009.24-2016。

式中：

$X$：黄曲霉毒素 $M_1$ 的含量，μg/L；

$C_1$：荧光光度计中读取的样液中黄曲霉毒素 $M_1$ 的浓度，μg/L；

$C_0$：荧光光度计中读取的空白实验中黄曲霉毒素 $M_1$ 的浓度，μg/L；

$V_1$：最终净化甲醇∶水（8∶2）洗脱液体积，mL；

$V$：通过亲和柱试样体积，mL。

### （12）四环素

在奶牛饲料和治疗中都广泛应用到了四环素类抗生素(TCs)，从而造成了牛奶中 TCs 的残留。长期食用含 TCs 的牛奶会危害人体健康，因此应严格控制畜禽产品中 TCs 的残留量。牛乳中四环素含量不得超过 5 μg/kg。

方法一：快速检测法

（具体检测内容以金标试纸检测卡使用说明书为准）。

方法二：液相色谱—紫外检测法

（具体参照国标 GB 22990—2008 检测）。

### （13）氯霉素

氯霉素是一种广谱抗生素，它能够对人类造成致命的血液疾病。当没有其他替代品可用的时候，氯霉素会被用来治疗严重感染，而且动物有良好的耐受性，因此，氯霉素在牧场应用比较广泛。

牛在生病的时候用氯霉素给予治疗，氯霉素等抗生素在动物体内残留富集，导致牛奶中氯霉素会超标。在牛奶中氯霉素不允许检出。

方法一：试纸快速检测法

①试剂仪器：易瑞生物抗生素检测试剂（微孔试剂、测试试纸条），读数器，移液枪，温育器。

②检测步骤：牛乳中氯霉素类快速检测试纸条。

牛乳中氯霉素类快速检测试纸条。

③操作方法：

a. 取 200 μL 奶样加入试剂微孔中，抽吸 5～10 次直至与微孔的试剂混合均匀，肉眼观察无颗粒；◎（40±2）℃下温育 15 min；

b. 将测试条插入到试剂微孔中；

c.（40±2）℃下温育 6 min；

d. 从微孔中取出测试条，轻轻刮去测试条下端的吸水海绵，并进行结果判读（见表 1-14）。

表 1-14　牛乳中氯霉素类抗生素快速检测试纸条检出限　　（μg/kg）

| 氯霉素类 | 国家限量 | 检出限 | 氯霉素类 | 国家限量 | 检出限 |
|---|---|---|---|---|---|
| 氯霉素 | 不得检出 | 0.05～0.1 | 甲砜霉素 | 50 | 0.3～0.4 |
| 氯苯尼考 | 牛/羊泌乳期禁用 | 0.5～0.7 | | | |

取样　　加样并混匀　　40℃温育　　插入试纸条　　直接判读结果　　仪器判读结果

④结果判读：A 目测

表 1-15　牛乳中氯霉素类抗生素快速检测判定表

| 检测线（T 线）与控制线（C 线）颜色深浅比较 | 结果判断 | 结果分析 |
|---|---|---|
| T＞C 线 | 阴性 | 说明检测的样品中该类抗生素残留量低于本产品的检出限 |
| T 线≤C 线或 T 线不显色 | 阳性 | 说明检测的样品中该类抗生素残留量等于或高于本产品的检出限 |
| 注意：遇到可疑阳性样品时，可在 3 min 后再次观察结果，并进行判读。 | | |

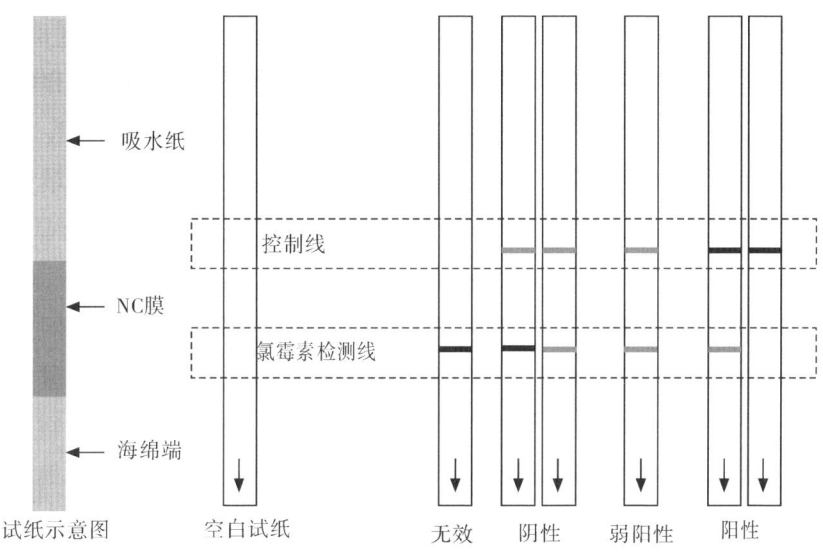

图 1-8 判断示意图

方法二：液相色谱—串联质谱法（GB 29688—2013）

动物源氯霉素检测 GB/T 22338—2008。

**（14）$\beta$- 内酰胺酶**

$\beta$- 内酰胺酶：酶活性中心需金属锌离子的参与，故称为金属 $\beta$- 内酰胺酶。该类酶最大的特点是可以水解青霉素类等抗生素，最可能添加的食品是乳制品，特别是"无抗奶"。$\beta$- 内酰胺酶类物质被用作牛奶中抗生素的分解剂。

$\beta$- 内酰胺类抗生素是在牛乳生产中应用最广泛的抗生素，用于治疗牛乳腺炎和其他细菌感染性疾病。按照国家规定，使用抗生素药物后一定时间内的乳汁，不得作为供人食用的原料。同时国家在《生鲜牛乳收购标准》中规定，生鲜乳中不得检出抗生素。然而就中国奶牛饲养环境而言，牛奶的绝对"无抗"较难达到，针对这种情况，市场上出现了"抗生素分解剂"，该分解剂可选择性地分解牛奶中残留的 $\beta$- 内酰胺抗生素，其成分就是 $\beta$- 内酰胺酶。

$\beta$- 内酰胺酶（金玉兰酶制剂），可能添加到乳与乳制品中，起到掩蔽抗生素的作用，但是由于该制剂的安全性风险未知，规定所有乳制品生产企业严禁在产品中添加此类物质。

牛乳中严禁添加 $\beta$- 内酰胺酶，即不得检出。

方法一：试纸快速检测法

①试剂仪器：易瑞生物抗生素检测试剂（微孔试剂、测试试纸条），读

数器，移液枪，温育器。

②检测步骤：乳中 $\beta-$ 内酰胺酶快速检测试纸条（货号：YRM1002）。

③操作方法：

a. 取 200 μL 奶样加入白色试剂微孔中，抽吸 5～10 次直至与微孔试剂的混合均匀；

b.（40±2）℃下温育 16 min；

c. 将白色试剂微孔中的全部样品转移至红色试剂微孔中，抽吸 8～10 次直至微孔的试剂混合均匀。然后再将红色微孔的全部溶液转回对应的白色微孔中，上下再吹吸 5～6 次混匀。

d.（40±2）℃下温育 3 min；

e. 将测试条插入到试剂微孔中；

f.（40±2）℃下温育 3 min；

g. 从微孔中取出测试条，轻轻刮去测试条下端的吸水海绵，并进行结果判读（见表 1-16）。

表 1-16 产品检出限

| 检出限 | 2～3 U/mL 或 0.35～0.4 IU/L | 0.75～1.5 U/mL 或 0.18～0.2 IU/L | 0.5～1.25 U/mL 或 0.12～0.14 IU/L |
|---|---|---|---|
| 检测方法 | 第一步反应 9 min，肉眼可明显观察到检测线。 | 第一步反应 16 min，肉眼可明显观察到检测线。 | 第一步反应 25 min，肉眼可明显观察到检测线。 |

④结果判读：目测

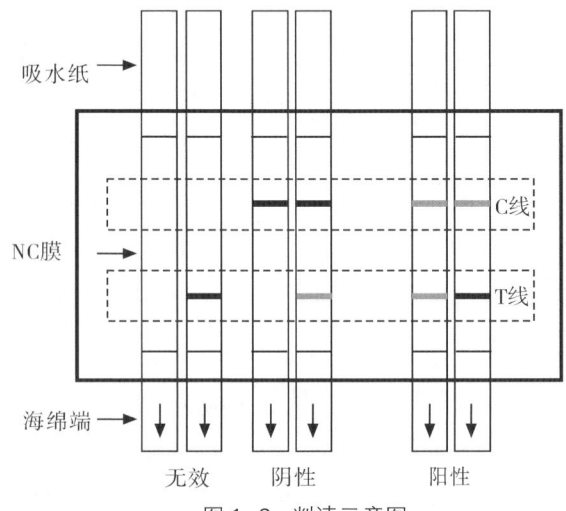

图 1-9 判读示意图

⑤结果判读：仪器判读

a. 读数仪的具体操作步骤，请参照读数仪的使用说明书。

b. 阴性结果 $R < 0.6$，弱阳性结果 $0.6 \leq R \leq 0.9$，阳性结果 $R > 0.9$。

方法二：杯蝶法（琼脂扩散生物检定法）

①原理：该方法采用对青霉素类药物绝对敏感的标准菌株，利用舒巴坦特异性抑制 $\beta$- 内酰胺酶的活性，并加入青霉素作为对照，通过比对加入 $\beta$- 内酰胺酶抑制剂与未加入抑制剂的样品所产生的抑菌圈的大小来间接测定样品是否含有 $\beta$- 内酰胺酶药物。

②试剂：藤黄微球菌 (Micro—COCCUS luteus)CMCC(B)28001，传代次数不得超过 14 次；

磷酸盐缓冲溶液 (pH 6.0)：无水磷酸二氢钾 8.0 g，无水磷酸氢二钾 2.0 g，蒸馏水加至 1 000 mL；

生理盐水（8.5 g/L）：氯化钠 8.5 g，蒸馏水 1 000 mL，121℃高压灭菌 15 min；

青霉素标准溶液：准确称取适量青霉素标准物质，用磷酸盐缓冲溶液溶解并定容为 0.1 mg/mL。当天配制当天使用；

$\beta$- 内酰胺酶标准溶液：准确称取 $\beta$- 内酰胺酶标准物质，用磷酸盐缓冲溶液溶解并定容为 16 000 U/mL 的标准物质，当天配制当天使用；

舒巴坦标准溶液：准确称取适量舒巴坦标准物质，用磷酸盐缓冲溶液溶解并定容为 1 mg/mL 的标准溶液，分装后于 –20℃保存备用，不可反复冻融使用；

营养琼脂培养基：按盒上要求配制，搅拌均匀，分装试管每管 5～8 mL，120℃高压灭菌 15 min，灭菌后斜面摆放；

抗生素检测培养基 Ⅱ：购买 pH 为 6.6 的培养基，按盒上要求配制，搅拌均匀，120℃高压灭菌 15 min。

③操作步骤

a. 菌悬液的制备

将藤黄微球菌接种于营养琼脂斜面上，经（36±1）℃培养 18～24 h，用生理盐水洗下下菌苔后的液体即为菌悬液，测定菌悬液浓度，浓度应大于 $1 \times 10^{10}$ CFU/mL，4℃保存，贮存期限 2 周。

b. 样品的制备

将待检样品充分混匀，取 1 mL 待检样品于 1.5 mL 离心管中共 4 管，分别标为：A、B、C、D，每个样品做三个平行，共 12 管，同时每次检验应取纯水 1 mL 加入到 1.5 mL 离心管中作为对照。如样品为乳粉，则将乳粉按 1∶10 的比例稀释。如样品为酸性乳制品，应调节 pH 至 6～7。

c. 检验用平板的制备

取 90 mm 灭菌玻璃培养皿，底层加 10 mL 灭菌的抗生素检测用培养基Ⅱ，凝固后上层加入 5 mL 含有浓度为 $1\times10^8$ CFU/mL 藤黄微球菌的抗生素检测用培养基Ⅱ，凝固后备用。

d. 样品的测定

按照下列要求和顺序分别将试液加入样品及纯水中：

试液 A：青霉素 5 μL；

试液 B：舒巴坦二 25 μL、青霉素 5 μL；

试液 C：β- 内酰胺酶 25 μL、青霉素 G 5 μL；

试液 D：β- 内酰胺酶 25 μL、舒巴坦 25 μL、青霉素 5 μL。

混匀后，将上述试液 A～D 各 200 μL 加入并放置于检验用平板上的 4 个无菌牛津杯中，（36±1）℃培养 18～22 h，测量抑菌圈直径。每个样品，取三次平行试验的平均值。

④结果报告

纯水样品结果应为：试液 A、试液 B、试液 D 均应产生抑菌圈；试液 A 的抑菌圈与试液 B 的抑菌圈相比，差异在 3 mm 以内 ( 含 3 mm) 时，判定如下：$a_1$. 试液 A 的抑菌圈小于试液 B 的抑菌圈差异在 3 mm 以上 ( 含 3 mm)，且重复性良好，应判定该试样添加有 β- 内酰胺酶，报告 β- 内酰胺酶类药物检验结果阳性；$a_2$. 试液 A 的抑菌圈同试液 B 的抑菌圈差异小于 3 mm，且重复性良好，应判定该试样未添加有 β- 内酰胺酶，报告 β- 内酰胺酶类药物检验结果阴性。

b. 如果试液 A 和试液 B 均不产生抑菌圈，应将样品稀释后再进行检测。

**（15）地塞米松**

地塞米松是一种人工合成的皮质类固醇，可用于治疗多种症状，包含风湿性疾病，某些皮肤病、严重过敏、哮喘、慢性阻塞性肺病、义膜性喉炎、脑水肿，也可能与抗生素合并用于结核病患者。是兽医临床上常用药物之一。牛乳中限量不得超过 0.2 μg/kg。

方法一：金标快速检测法

快速检测法具体检测内容根据金标试纸检测卡使用说明书为准。

方法二：液相色谱—串联质谱法

具体参照国标 GB/T 22978—2008 检测。

**（16）玉米赤霉醇**

玉米赤酶醇又名"右环十四酮酚"，商品名字"畜大壮"，是玉米赤霉菌在生长过程中产生的次生代谢产物玉米赤霉烯酮的还原产物，属于雷索酸内酯类非甾体类同化激素。玉米赤酶醇是一种效果理想的皮埋增重剂，系非固醇、非激素类化合物。

玉米赤霉醇能直接或间接作用于脑下垂体和胰脏，提高体内生长激素和胰岛素水平，促进动物机体蛋白质的合成，提高饲料利用率，从而产生促增重作用。由于玉米赤霉醇作为牛羊增重剂效果好，经济回报高，部分违法者在畜禽养殖过程中使用玉米赤霉醇，导致玉米赤霉醇可能会残留在各种食用组织（如牛羊肉、动物的肝脏、肾脏和血液等）中。玉米赤霉醇超标会引起人体性机能紊乱及影响第二性征的正常发育，在外部条件诱导下，还可能致癌。

牛乳中限量不得超过 1.0 μg/L。

方法一：金标快速检测法

具体检测法具体检测内容以金标试纸检测卡使用说明书为准。

方法二：液相色谱—串联质谱法

具体参照国标 GB/T 22992—2008 检测。

**（17）喹诺酮**

喹诺酮类（4-quinolones），又称吡酮酸类或吡啶酮酸类，是一类合成抗菌药。喹诺酮类主要作用于革兰阴性菌的抗菌药物，对革兰阳性菌的作用较弱（某些品种对金黄色葡萄球菌有较好的抗菌作用）。该类药物抗菌谱广、抗菌活性强，抗菌活性好，对葡萄球菌、肺炎球菌、某些厌氧菌和支原体等均有效，特别是对绿脓杆菌效果很好，几乎适用于奶牛临床常见的各种细菌感染性疾病。但由于药物本身特性及不合理用药和滥用药物现象的存在，引起了一系列的不良反应，人体累计摄入量超过一定值或食用了高残留的含有氟喹诺酮类药物的食物后可能会出现中毒症状，常见的有皮肤过敏及光敏反应、中枢神经系统反应、循环系统反应、消化系统反应、泌尿系统反应、呼吸系统反应、软骨毒性、肝脏毒性、生殖毒性、跟腱炎和局部刺激症状等。

方法一：金标快速检测法

具体检测内容以金标试纸检测卡使用说明书为准。

方法二：国标检测法

恩诺沙星、氧氟沙星、氟甲喹、西诺沙星、洛美沙星、环丙沙星、培氟沙星、沙拉沙星、诺氟沙星、依诺沙星参照液相色谱—质谱法（GB21312—2007）检测。

环丙沙星、呢诺沙星、沙拉沙星、二氟沙星、达氟沙星参照高效液相色谱法（GB29692—2013）检测。

环丙沙星、沙拉沙星、二氟沙星、达氟沙星、恩诺沙星、奥比沙星、麻保沙星残留检测参照液相色谱—串联质谱法（GB22985—2008）检测。

**（18）磺胺**

磺胺类药物是用于治疗全身性细菌感染的一类人工合成的抗菌药物。具有抗菌谱较广、性质稳定、使用简便、生产时不耗用粮食等优点。我国未禁止使用磺胺类药物，但规定在所有动物组织中的残留限量低于 0.1 mg/kg，而牛乳中磺胺类药物残留量的检出限为 1.0 μg/kg。

方法一：金标快速检测法

具体检测法具体检测内容以金标试纸检测卡使用说明书为准。

方法二：液相色谱—质谱串联法

具体参照国标 GB/T 22966—2008 检测。

**（19）安乃近**

方法一：金标快速检测法

快速检测法具体检测内容以金标试纸检测卡使用说明书为准。

方法二：液相色谱—质谱串联法（GB/T 22971—2008）

牛奶中 4 种安乃近代谢物（4- 甲酰氨基安替比林、4- 乙酰氨基安替比林、4- 氨基安替比林和 4- 甲基氨基安替比林）具体参照液相色谱 – 串连质谱 (LC-M/MS) 测定法检测。

### (20) 山梨酸

山梨酸及山梨酸钾是一种良好的食品防腐剂，对酵母、霉菌和许多真菌都具有抑制作用，山梨酸是国际粮农组织和卫生组织推荐的高效安全的防腐保鲜剂，广泛应用于食品、饮料。它的抑菌作用机理是它与微生物的酶系统的巯基相结合，从而破坏许多重要酶系统的作用。山梨酸和山梨酸钾是限量添加的食品添加剂，苯甲酸和苯甲酸钠是目前国家已不允许添加的食品防腐剂。苯甲酸和苯甲酸钠对细菌、霉菌等有较强的抑制作用，特别是在酸性食品中效果更好，当 pH>4 时效果明显下降；山梨酸和山梨酸钾适用于 pH<5 的食品防腐，对于霉菌、酵母菌、需氧菌的抑制均有效，但对厌氧菌与嗜酸乳杆菌几乎无效。山梨酸是不饱和脂肪酸，进入人体后，直接参与脂肪代谢，被氧化成二氧化碳和水，比苯甲酸更为安全。

方法一：金标快速检测法

具体检测内容以金标试纸检测卡使用说明书为准。

方法二：国标检测法

具体参照国标 GB5009.28—2016 检测。

### (21) 尿素

尿素可以生成三聚氰胺，以氨气为载体，硅胶为催化剂，在 380～400℃ 温度下沸腾反应，先分解生成氰酸，并进一步缩合生成三聚氰胺。乳制品加工过程中没有能达到 160℃ 以上的工艺，既没有载体也没有催化剂，温度、压力都很难生成三聚氰胺。而且尿素溶解在水中以后是不稳定的，容易生成铵态氮，并挥发出氨气，也就是有浓烈的怪味，如果在牛奶中加入尿素，通常闻一闻就可以判断出来。尿素是人体正常新陈代谢的产物，是一种含氮的小分子物质，会随着人体排尿而排出，少量尿素并不会对人体造成危害，当尿素大量聚集而不能排出时，会对人体造成损伤，主要是使人体的电解质平衡被破坏，从而产生疾病，即尿毒症。。

①原理

尿素与二乙酰—肟在酸性条件下，经镉离子（或三价铁离子）的催化产生缩合，并在氨基硫脲存在下，生成 3，5，6—三甲基—1，2，4 三胺的红色复合物。

②试剂配制

a.酸性试剂：在 1 L 升的容量瓶中加入蒸馏水约 100 mL，然后加入浓硫酸 44 mL 及 85% 的磷酸 66 mL，冷却至室温后，加入硫氨脲 30 mg、硫酸镉 2 g 溶解后用蒸馏水稀释至 1 000 mL。贮棕色瓶中冰箱内保存半年不变。

b.2% 二乙酰一肟试剂：称取二乙酰一肟 2 g，溶于 100 mL 蒸馏水中。贮棕色瓶中放置冰箱内，可保存半年不变。

c.应用液：取酸性试剂 90 mL 加 2% 的二乙酰一肟试剂 10 mL 混合均匀，即可使用。

③方法

取应用液 1～2 mL 于试管中，加鲜奶一滴，加热煮沸约 1 min 观察结果。

④结果判定

正常：无色或微红色。

掺入尿素或尿的奶立即呈深红色。掺入量越大，显色越快，红色越深。

注：正常奶煮沸时间超过 2 min，也可出现淡红色。

## 六、原料奶的过程检验

### 1. 原料奶过程检验

检测合格后收入车间奶罐至预处理开始标准化的原料奶，需保证在整个原料奶的储存过程中，原料奶处于合格状态。只有合格的原料奶才能进入下一道预处理工序。为了使原料奶在储存期间不发生变质或出现质量问题，原料奶在到厂检测合格后需进行预巴氏杀菌，降温冷藏。原料奶在储存过程中温度不得高于 8℃，储存时间不得超过 24 h。

在储存过程中为保证原料奶质量，每隔 2 h 监控一次，奶罐料液进行标准化时需检测原料奶脂肪、蛋白质、温度、酒精、口感、组织状态等项目，检测合格方可进入下一步工序。

### 2. 半成品过程检验

从原料奶进行标准化至灌装前所处理的料液均为半成品。为了使成品质量优良，必须保证半成品质量。半成品在储存过程中储存温度不得高于10℃，储存时间不得超过12 h。在储存过程中每2 h进行一次监控，以确保质量情况处于受控状态。半成品在进入灌装之前必须检测脂肪、蛋白质、温度、酒精、口感、组织状态、pH、总固形物、非脂乳固体等具体检测项目参看检验计划。

## 3. 在线成品放行检验

在线常温产品放行检验程序执行GB 4789.26—2013商业无菌要求检测。判定商业无菌的成品即可放行。

（1）检验步骤

①按取样步骤取样。

②保温：将样品按照保温试验要求进行保温，保温过程中，每天检查，如有胀包或泄漏等现象，立即取出开包检测。

③开包装：取保温过的样品，冷却到室温后，开包检验。

④pH测定：对每一包开包样品测pH，看与标准是否有显著的差异。

⑤涂片染色镜检

a.涂片：对pH检查结果认为可疑的进行涂片染色镜检。用接种环挑取样品涂于载玻片上，待干后用火焰固定。

b.染色镜检：用革兰氏染色法染色，镜检，至少观察5个视野，记录细菌的染色反应，形态特征以及每个视野的菌数。与同批的正常样品进行对比，判断是否有明显的微生物增殖现象。

⑥接种培养

a.保温期间出现的胀包、酸包或开包检查发现pH、感官质量异常，进一步镜检发现有异常数量细菌的样品，均应及时进行微生物接种培养。

b.对需要接种培养的样品用灭菌移液管移出1 mL内容物,分别接种培养，接种量为培养基的十分之一。所要求的55℃培养基管，在接种前应在55℃水浴锅中预热至该温度，接种后立即放入55℃温箱培养。

⑦微生物培养检验程序及判定

参见"七微生物检测"。

⑧样品密封性检验

对确定有微生物繁殖的样罐均进行密封性检验以判定该样品是否泄漏。

**（2）结果判定**

a. 该批产品抽取样品经保温试验未胀、酸包或泄漏；保温后开包，经感官检查、pH值测定或涂片镜检或接种培养，确证无微生物繁殖现象，则为商业无菌。

b. 该批产品抽取样品经保温试验有一包以上发生胀、酸包或泄漏；或保温后开包，经感官检查、pH测定或涂片镜检和接种培养，确证有微生物繁殖现象，则为非商业无菌。

## 4. 在线留样检验

**（1）在线样检验**

按照《产品取样管理制度》进行在线留样，留样后样品统一由第三方部门——技术部进行感官、理化指标、外包装、微生物等项目检测，检验合格后入库。

**（2）保温样检验**

按照《产品取样管理制度》进行在线留样，留样后的产品进行(37±2)℃保温相应时间，保温后的产品进行感官、理化指标等项目检测，检测合格后开具产品出厂放行通知单。

**（3）常温留样检验**

为了解流出产品的质量情况应对每批产品的常温留样进行基础质量项目的检验，以掌握已流出产品在货架期内的质量状况。

对于常温产品，货架期是28 d、45 d、60 d等的产品每常温储存5 d检测一次，一直检测到超过货架期时间，比如：利乐货架期为60 d，则储存第5 d、第10 d、第15 d、第20 d……第55 d、第60天时需要做常温留样检测，当留样较少时，可从储存第10 d开始检测，每次可检测一包样，检测数量可根据所取留样的数量进行合理分配。货架期为6个月时，每储存1月检测一次，每次可检测一包样，检测数量可根据所取留样的数量进行合理分配。

常温产品常温留样检测的项目有感官、酸度、酒精、pH、比重、煮沸。

对于低温产品，货架期较短，故常温留样只检测一次即：爱克林储存12天后检测，其他产品储存17天后检测。

低温产品常温留样检测的项目有感官（尤其口感、状态）、酸度、pH、有无发霉胀包。

## 七、微生物检验

参照食品安全国际标准（食品微生物学检验 GB—4789 系列检测方法）检测。

### 1. 菌落总数的检测

（1）术语

菌落是指在固体培养基上生长繁殖而形成的能被肉眼识别的生长物，它是由数以万计的相同的细菌集合而成。

菌落总数是指食品检样经处理后，在一定条件下培养后（如营养成分、培养温度和时间、pH、需氧性质等），所得 1 mL（g）检样中所生长的细菌菌落的总数。本方法规定的培养条件下所得结果，只包括一群在营养琼脂上生长发育的嗜中温性需氧的菌落总数。所以厌氧或微需氧菌、有特殊营养要求的以及非嗜中温的细菌，由于现有的生长条件不能满足其生理要求，故难以生长。因此菌落总数并不能区分其中细菌的种类，所以有时被称为杂菌数，需氧菌数。

菌落总数主要作为判定食品被污染程度的标志，也可以应用这一方法观察细菌在食品中的繁殖动态，以便对被检样品进行卫生学评价时提供依据。

（2）设备和材料

①培养箱：（36±1）℃

②冰箱：0～4℃

③恒温水浴：（46±1）℃

④天平

⑤电炉

⑥吸管

⑦广口瓶或三角瓶：容量为 500 mL

⑧玻璃珠：直径 5 mm

⑨平皿：直径约 90 mm

⑩试管

⑪放大镜

⑫菌落计数器

⑬酒精灯

⑭均质器或乳钵

⑮试管架

⑯灭菌刀或剪子

⑰灭菌镊子

（3）培养基和试剂

①营养琼脂培养基：按 GB 4789.28—2013 附录 D 生产商及实验室自制培养基和试剂的质量控制标准自制，或购买合格的商用培养基配方配制。

②生理盐水

③75% 乙醇溶液

（4）检验程序

菌落总数的检验程序见图 1-10：

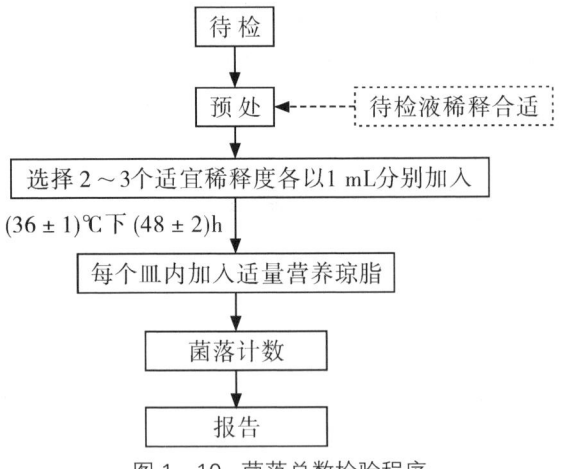

图 1-10　菌落总数检验程序

（5）操作步骤

①检样稀释及培养

a. 以无菌操作将检样 25 g（或 mL）剪碎放于装有 225 mL 灭菌生理盐水或其他稀释液的灭菌玻璃瓶内（瓶内预置适当数量的玻璃珠）或灭菌乳钵内，经充分振摇或研磨做成 1∶10 的均匀稀释液。

固体检样在加入稀释液后,最好置均质器中以 8 000 ～ 10 000 r/min 的速度处理 1 min,做成 1∶10 的均匀稀释液。

b. 用 1mL 灭菌吸管吸取 1∶10 稀释液 1 mL,吸管插入检样稀释液内不能低于 2.5 cm,吸入液体时,应先高于吸管刻度,然后提起吸管尖端离开液面沿管壁徐徐注入含有 9 mL 灭菌生理盐水或其他稀释液的试管内(从吸管筒内取出灭菌管时,不要将吸管尖端触碰其他仍留在容器内的吸管的外露部分,而且吸管在进出装有稀释液的玻璃瓶和试管时,也不能碰及瓶口和试管口的外露部分,因为这些部分可能接触过手和其他黏污物,注意吸管尖端不要触及管内稀释液)振摇试管,混合均匀,做成 1∶100 的稀释液。

c. 另取 1 mL 灭菌吸管,按上述操作顺序,做 10 倍递增稀释液,如此每递增稀释一次,即换用一支 1 mL 灭菌吸管。

d. 根据食品卫生标准要求或对标本污染情况的估计,选择 2 ～ 3 个适宜稀释度,分别在做 10 倍递增稀释的同时,即以吸取该稀释度的吸管吸取 1 mL 稀释液于灭菌平皿内。

e. 稀释液移入平皿后,应及时将冷却至 46℃的营养琼脂培养基(可放置于(46±1)℃水浴中保温)注入平皿约 15 mL,并转动平皿使其混合均匀。同时将营养琼脂培养基加入有 1 mL 稀释液的灭菌平皿内做空白对照。

f. 待琼脂凝固后,翻转平板,置(36±1)℃培养箱内培养(48±2)h。

②菌落计数方法

做平板菌落计数时,可用肉眼观察,必要时用放大镜,以防遗漏。在记下各平板的菌落数后,求出同稀释度的各平板平均菌落总数。

③菌落计数的报告

a. 平板菌落数的选择

选取菌落数在 30 ～ 300 之间的平板作为菌落总数的测定标准,一个稀释度选用两个平板,应采用两个平板平均数,其中一个平板有较大片状菌落生长时,则不宜采用,而应以无片状菌落生长的平板作为该稀释度的菌落数,若片状菌落不到平板的一半,而另一半菌落分布又很均匀,可计算半个平板后乘 2 代表全皿菌落数。平板内有链状菌落生长时(菌落之间无明显界限),若仅有一条链,可视为一个菌落;如果有不同来源的几条链,则应将每条链作为一个菌落计。

b. 稀释度的选择

◎应选择平均菌落数在30～300之间的稀释度,乘以稀释倍数报告之(见表1-12中例1)。

◎若有两个稀释度,其生长的菌落数均在30～300之间,则视两者的比值来确定。若其比值小于或等于2,应报告其平均数;若大于2则报告其中较小的数字(见表1-12中例2及例3)。

◎若所有稀释度的平均菌落数均大于300,则应按稀释度最高的平均菌落数乘以稀释倍数报告(见表1-12中例4)。

◎若所有稀释度的平均菌落数均小于30,则应按稀释度最低的平均菌落数乘以稀释倍数报告(见表1-12中例5)。

◎若所有稀释度均无菌落生长,则以小于1乘以最低稀释倍数报告(见表1-12中例6)。

◎若所有稀释度的平均菌落数均不在30～300之间,其中一部分大于300或小于30时,则以最接近30或300的平均菌落数乘以稀释倍数报告(见表1-12中例7)。

c. 菌落数的报告

菌落数在100以内时,按其实有数报告,大于100时,采用两位有效数字,在两位有效数字后面的数值,以四舍五入方法计算。为了缩短数字后面的数位,也可用10的指数来表示(见表1-17中"报告方式"栏)。

表1-17 稀释度选择及菌落数报告方式

| 例次 | 稀释液及菌落数 | | | 两稀释液之比 | 菌落总数 个/g 或 mL | 报告方式 个/g 或 mL |
|---|---|---|---|---|---|---|
| | $10^{-1}$ | $10^{-2}$ | $10^{-3}$ | | | |
| 1 | 多不可计 | 164 | 20 | — | 16 400 | 16 000 或 $1.6 \times 10^4$ |
| 2 | 多不可计 | 295 | 46 | 1.6 | 37 750 | 38 000 或 $3.8 \times 10^4$ |
| 3 | 多不可计 | 271 | 60 | 2.2 | 27 100 | 27 000 或 $2.7 \times 10^4$ |
| 4 | 多不可计 | 多不可计 | 313 | — | 313 000 | 310 000 或 $3.1 \times 10^5$ |
| 5 | 27 | 11 | 5 | — | 270 | 270 或 $2.7 \times 10^2$ |
| 6 | 0 | 0 | 0 | — | $< 1 \times 10$ | $< 10$ |
| 7 | 多不可计 | 305 | 12 | — | 30 500 | 31 000 或 $3.1 \times 10^4$ |

**(6)操作注意事项**

①培养基温度应在(46±1)℃,温度过高会影响细菌生长,过低琼脂

易于凝固而不能与菌液充分混合，琼脂应放在水浴锅内，温度为（46±1）℃。

②尽量使菌细胞分散开，使每个菌细胞生成一个菌落，否则将会导致严重的技术误差。

③检样稀释后，应尽快接种，加入培养基。一般从检样稀释开始到加入培养基，应在 15 min 内操作完毕。

注意抑菌现象。由于防腐剂未被中和，往往使平板计数结果受影响，如低稀释度使菌落少，而高稀释度使菌落反而增大。

④对照试验。为了避免微小颗粒与细菌菌落发生混淆，可作一个检样稀释液与琼脂混合的平板，不经培养放到 4℃环境中，以便计数菌落时用作对照。

⑤培养湿度。培养箱应保持一定的湿度，琼脂平板培养 48 h 后，培养基失重不应超过 15%。

（7）菌落计数及报告注意事项

①如果稀释度大的平板上菌落数反比稀释度小的平板上菌落数高，有两种可能性：一是检验工作中发生差错；二是受防腐剂影响。这两种情况均不可用作检样计数报告的依据。

②如果平板上出现链状菌落，菌落之间没有明显界限，这是在琼脂与检样混合时，一个细胞块被分散所造成。一条链作为一个菌落计，如有来源不同的几条链，每条链应作为一个菌落计，不要把链上生长的各个菌落分开来数。此外，如皿内琼脂凝固后未及时进行培养而遭受昆虫侵入，在昆虫爬过的地方也会出现链状菌落，也不应分开来数。

③如果所有平板上都菌落密布，不要用多不可计报告，而应在稀释最大的平板上，任意数其中两个平方厘米中的菌落数，除以 2 求出 1 cm² 内的平均菌落数，乘以皿底面积 63.6 cm²，再乘以其稀释倍数，以此结果作报告，例如：$10^{-1}$～$10^{-3}$ 稀释度的所有平板上均菌落密布，而在 $10^{-3}$ 稀释度的平板上任意数两个平方厘米内的菌落数是 60 个，皿底直径为 9 cm，则该检样每克（或 mL）中"估计"菌落数为：

$60 \div 2 \times 63.6 \times 1000 = 1.9 \times 10^6$

注：式中 63.6 是按皿底直径为 9 cm 时计算而得的面积，如所用平皿底直径不是 9 cm，应另求面积。

④鉴于检样中的细菌是以单个、成双、链状或成堆的形式存在，因而在

平板上出现的菌落可以来源于细胞块，也可来源于单个细胞，故平板上所得需氧和兼性厌氧的菌落数应以单位重量（g）或容量（mL）的菌落形成单位（Colony forming units CFU）报告更恰当。

### 2. 大肠菌群的检测

**（1）术语**

群：两个不同种的微生物之间经常会出现一些介于这两种之间的中间类型的菌种。

例如：大肠杆菌与产气肠细菌两种菌种之间的区分是十分明显的，但另外还有一些菌种介于这两种菌种之间的中间类型，就是说，他们在亲缘关系上是比较接近的一些菌种。在分类上，就是大肠杆菌、产气肠细菌和一些中间型的菌种合归为一群，就是大肠菌群。

大肠菌群：指一群能发酵乳糖、产酸产气、需氧和兼性厌氧的革兰氏阴性无芽孢杆菌。该菌主要来源于人畜粪便，故以此作为粪便污染指标来评价食品的卫生质量，推断食品中有无污染肠道致病菌的可能。

食品中大肠菌群数系以100 mL(g)检样内大肠菌群最可能数（MPN）表示。

**（2）设备和材料**

① 温箱：（36±1）℃；

② 冰箱：（0～4）℃；

③ 恒温水浴：（46±1）℃；

④ 天平；

⑤ 显微镜；

⑥ 均质器或乳钵；

⑦ 平皿：直径90 mm；

⑧ 试管：18 mm×180 mm 和 20 mm×200 mm；

⑨ 吸管 1 mL 和 10 mL；

⑩ 广口瓶或三角烧瓶：容量为500 mL；

⑪ 玻璃珠：直径约5 mm；

⑫ 载玻片；

⑬ 酒精灯；

⑭试管架。

**（3）培养基和试剂**

①乳糖胆盐发酵管：按 GB 4789.28—2013 中附录 D 生产商及实验室自制培养基和试剂的质量控制标准自制，或购买的合格的商用培养基配方配制。

②伊红美兰琼脂平板：按 GB 4789.28—2013 中附录 D 生产商及实验室自制培养基和试剂的质量控制标准自制，或购买的合格的商用培养基配方配制。

③乳糖发酵管：按 GB 4789.28—2013 中附录 D 生产商及实验室自制培养基和试剂的质量控制标准自制，或购买的合格的商用培养基配方配制。

④生理盐水

⑤革兰氏染色液：按 GB 4789.28—2013 中附录 D 生产商及实验室自制培养基和试剂的质量控制标准规定。

**（4）检验程序**

大肠菌群检验程序见图 1-11。

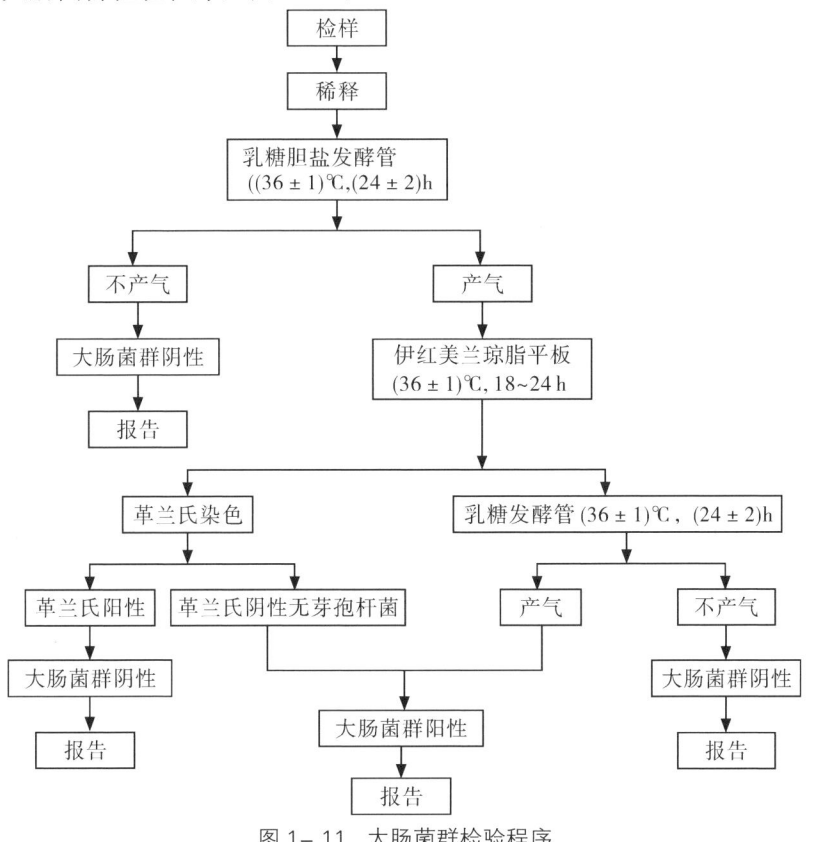

图 1-11 大肠菌群检验程序

（5）操作步骤

①检样稀释

a. 以无菌操作将检样 25 mL（或 g）放于装有 225 mL 灭菌生理盐水或其他稀释液的灭菌玻璃瓶内（瓶内预置适当数量的玻璃珠）或灭菌乳钵内，经充分振摇或研磨做成 1：10 的均匀稀释液。固体检样最好用均质器，以 8 000～10 000 r/min 的速度处理 1 min，做成 1：10 的均匀稀释液。

b. 用 1 mL 灭菌吸管吸取 1：10 稀释液 1 mL，注入含有 9 mL 灭菌生理盐水或其他稀释液的试管内，振摇试管混匀，做成 1：100 的稀释液。

c. 另取 1 mL 灭菌吸管，按上条操作依次做 10 倍递增稀释液，每递增稀释一次，换用一支 1 mL 灭菌吸管。

d. 根据食品卫生标准要求或对检样污染情况的估计，选择三个稀释度，每个稀释度接种 3 管。

②乳糖发酵实验：（通常所说的假定试验：其目的在于检查样品中有无发酵产生气体的细菌）。

将待检样品接种于乳糖胆盐发酵管内，接种量在 1 mL 以上者，用双料乳糖胆盐发酵管，1 mL 及 1 mL 以下者，用单料乳糖胆盐发酵管。每一稀释度接种 3 管，置（36±1）℃培养箱内，培养（24±2）h，如所有乳糖胆盐发酵管都不产气，则可报告为大肠菌群阴性，如有产气者，则按下列程序进行。

③分离培养（平板分离的目的在于检查乳糖初发酵试验呈阳性反应的试管内，有无需氧和兼性厌氧的革兰氏阴性无芽孢杆菌存在）。

将产气的发酵管分别转种在伊红美兰琼脂平板上，置（36±1）℃培养箱内，培养 18～24 h，然后取出，观察菌落形态，并做革兰氏染色和证实实验。

④证实实验（复发酵实验。检验的目的在于证明从乳糖初发酵试验呈阳性反应的试管内分离到的革兰氏阴性无芽孢杆菌，确能发酵乳糖产生气体）。

在上述平板上，挑取可疑大肠菌群菌落 1～2 个进行革兰氏染色，同时接种乳糖发酵管，置（36±1）℃培养箱内，培养（24±2）h，观察产气情况。凡乳糖管产气、革兰氏染色为阴性的无芽孢杆菌，即可报告为大肠菌群阳性。

⑤报告

根据证实为大肠菌群阳性的管数查 MPN 检索表，报告每 100 mL（g）

大肠菌群的最大可能数。

**（6）注意事项：**

a. 初发酵和证实试验

乳糖发酵试验系样品的发酵，不是纯菌的发酵试验，所以初发酵阳性并不代表大肠菌群阳性，因此，，必须进一步作证实试验。

在食品检验中（个别除外）一般来说，平板上有典型的较多的大肠菌群菌落，革兰氏阴性杆菌，即可做出判断。如果典型菌落甚少，则应多挑选几个菌落做证实试验，只做初发酵即判断，对某些食品来说误差是很大的。有数据表明，食品中大肠菌群检验步骤的符合率，初发酵与证实试验相差很大。因此，在实际检测工作中，证实试验是必需的。

②产气量与倒气管

试验表明，大肠菌群的产气量与大肠菌群的检出率呈正相关。但也随样品的种类而变。大肠菌群的产气量多者可充满整个倒气管，少者可产生比小米粒还小的气泡。如果对产酸但未产气的乳糖发酵管有疑问，可用手轻轻打动试管，如有气泡沿管壁上浮，即应考虑可能有气体产生，而应作进一步试验。另外，产气量与倒气管有一定的关系，倒气管口不完整，有利于气体的进入；管口周围有沉淀等物质能影响气体的进入。

③挑选菌落

在平板呈现紫黑色，有或无金属光泽，检出率最高；粉红色、粉色检出率最低。另外，只挑选一个菌落影响大肠菌群的检出率，当菌落不典型时，应挑取 2～3 个菌落作证实试验，以免出现假阳性。

④抑菌剂

大肠菌群检验中常用的抑菌剂有胆盐、十二烷基硫酸钠、洗衣粉、煌绿、龙胆紫、孔雀绿等。胆盐的主要作用是抑制其他杂菌，特别是革兰氏阳性菌的生长。有些抑菌剂用量甚微，称量时稍有误差，即可对抑菌作用产生影响，因此抑菌剂的添加应严格按照标准方法添加。

⑤指示剂

溴甲酚紫属于酸碱指示剂，其 pH 变色范围为：黄 5.2～6.8 紫，当料管中培养基（pH=7.4±0.1）的颜色由紫色变为黄色时，证明培养基中有酸性物质产生，此时培养基的 pH ≤ 5.2，培养基呈酸性。

⑥MPN 检索表

MPN 为最大可能数的简称,表示样品中活菌的密度,是用概率论来推算样品中菌数最近似的数值。MPN 检索表只给出了三个稀释度,如果改用不同的稀释度,则表内数值应相应降低或增加 10 倍。

a.用于初发酵试验或复发酵试验的小导管内应无气泡,有气泡时就不能使用,接种之后,要用同批未接种的发酵管置于温箱内,同时培养,作为空白。

b.检查初发酵试验的乳糖胆盐管内是否有乳糖分解菌存在时,应以产气为主,产酸仅作参考。因为培养基中所用的指示剂为溴甲酚紫,其有效 pH 为 5.2~6.8,变色点为 6.0,如果产酸未能达到使 pH 下降至 6.0 以下时,变色就不显著。

c.检查发酵管中小导管内气泡时,即使只有微量气泡出现,亦应判定为阳性。有时小导管的管口被样品颗粒封住,气体未能进入导管,如加以振摇,管底有小气泡上升,亦应视为阳性。

大肠菌群细菌能分解乳糖产酸,使伊红和美兰结合而成黑色物,故菌落呈紫黑色(大肠杆菌)或褐色(产气克雷伯氏菌等),前者有时还产生有金属光泽。

### 3.嗜冷菌的检测

方法一:基准法—6.5℃,培养 10 d(仲裁法)

(1)范围

此方法用于原奶和巴氏杀菌奶的检验。

(2)方法提要

①准备好加有培养基和定量稀释适当倍数的被测样品的培养皿。

②将培养皿在 6.5℃条件下培养 10 d。

③根据培养皿中的菌落数计算出每毫升样品中的菌落数,选择菌落数比较恰当的稀释倍数比较得当的培养皿进行菌落计数。

(3)试剂

①稀释液:生理盐水(0.85%的氯化钠水溶液),灭菌。

②培养基:平板计数琼脂 23.5 g,溶于 1 000 mL 水中,必要时用滤纸过滤,

调节 pH 为 6.9±0.1。将培养基分装倒入三角瓶中，每瓶 100～150 mL。在（121±1）℃下灭菌 15 min，如果培养基马上要用，用水浴锅冷却到（46±1）℃；如果不是，则为了不耽误培养基的使用，在实验开始前，将培养基放入沸腾水浴中使其完全熔化，然后再放入水浴中冷却到（46±1）℃。

注：其中脱脂粉应该不含有抑菌剂。

（4）仪器及玻璃器皿

微生物实验室常用仪器，制备和稀释样品所用仪器如下：

①培养箱：可以调节并保持到（6.5±0.5）℃；

② pH 计：带温度补偿，精度为 0.1；

③水浴锅：可以保持到（46±1）℃；

④三角瓶：250～300 mL，带合适的塞子；

⑤吸管：用嘴吸的吸管要用脱脂棉或纤维素塞紧；

⑥培养皿：玻璃或塑料的，直径在 90～100 mm。

（5）操作步骤

①样品的稀释及培养

a. 无菌操作，将 25 mL 样品注入含有 225 mL 灭菌生理盐水的三角瓶内，充分混匀，制成 1∶10 的稀释液。

b. 用 1 mL 灭菌吸管吸取 1∶10 的稀释液 1 mL，沿管壁徐徐注入含有 9 mL 灭菌生理盐水的试管内，充分混匀，制成 1∶100 的稀释液。

c. 另取 1 mL 灭菌吸管，按上项操作顺序，作 10 倍递增稀释液，如此每递增稀释一次，即换用 1 支吸管。

d. 根据对样品污染情况的估计，选择 2～3 个适宜稀释度，分别在作 10 倍递增稀释的同时，即以吸取该稀释度的吸管移取 1 mL 稀释液于灭菌平皿内，每个稀释度做两个平皿。

注：其他稀释方法可以使用，例如第一步稀释可以是 10 mL 检测样品注入到 90 mL 稀释液中，或 11 mL 检测样品注入到 99 mL 稀释液中。当样品和稀释液用量越大，方法的精密度和准确度就越高。

e. 稀释液移入平皿后，应及时将凉至 46℃的培养基[可放置于（46±1）℃水浴保温]注入平皿约 15 mL，并转动平皿使其混合均匀。同时将培养基倾入空的灭菌平皿内作空白对照。

注：从稀释样品到倾倒培养基，整个操作过程不应超过 15 min。

f. 待培养基凝固，翻转平板，放入 6.5℃培养箱内培养 10 d。

注：每叠皿不应超过 6 个，每叠皿之间以及与培养箱的壁之间应保持一定的间隙。

②菌落计数方法

对平皿进行菌落计数时，应在柔和的光线下计数。为了便于计数，可使用适当的放大镜和（或）菌落计数器。以防极小的菌落遗漏，以及避免将平皿中杂质颗粒进行计数。仔细检查可疑的物质，如需要可使用更高倍数的放大镜，以区别菌落和外来物质。

③菌落计数的报告

a. 平板菌落数的选择

平板有较大片状菌落生长时，则不宜采用，而应以无片状菌落生长的平板作为该稀释度的菌落数，若片状菌落不到平板的一半，而另一半菌落分布又很均匀，即可计算半个平板后乘 2 以代表全皿菌落数。平板内若有链状菌落生长时（菌落之间无明显界限），若仅有一条链，可视为一个菌落；如果有不同来源的几条链，则应将每条链作为一个菌落计。

b. 稀释度的选择及报告

◎选取菌落数在 10～300 之间的培养皿作为计数的测定标准。

◎若有两个稀释度，其生长的菌落数在 10～300 之间，则按下面的方法计数。

计算每 mL 牛奶中微生物的个数 N，用以下的公式：

$$N = \frac{\sum c}{(n_1 + 0.1 n_2) d}$$

这里 $\sum c$：是所有皿上菌落数的总和。

$n_1$：是第一个稀释度培养皿的个数。

$n_2$：是第二个稀释度培养皿的个数。

$d$：是与第一个稀释液相对应的稀释因子

结果保留两位有效数字，后面的数字以四舍五入计算。当第三位数是 5 时，看其左边的数是奇数还是偶数来进行数字取舍；如 28 500 进行数字取舍为 28 000，11 500 为 12 000。

结果以科学计数法表示。

举例：微生物计数给出以下的结果（包括两个带盖培养皿）：

在第一个稀释度（10E-2）：168 和 215 个菌落

在第二个稀释度（10E-3）：14 和 25 个菌落

$$N = \frac{\sum c}{(n_1 + 0.1 n_2) d} = \frac{168 + 215 + 14 + 25}{[2 + (0.1 \times 2)] \times 10^{-2}} = \frac{422}{0.022} = 19182$$

根据上面所说结果进行取舍为 19 000，结果为 $1.9 \times 10^4$ 个/mL。

注：如果有两个以上可以计数的稀释度，公式应修改为用多个稀释度进行计算。如为三个稀释度，由下面的公式可计算出每毫升中微生物的数量。

$$N = \frac{\sum c}{(n_1 + 0.1 n_2 + 0.1 n_3) d}$$

◎如果菌落数均小于 10，则按稀释度最低的平均菌落数乘以稀释倍数，报告每毫升牛奶菌落的估计数。

◎如果菌落数均超过 300，则按稀释度最高的平均菌落数乘以稀释倍数，报告每毫升牛奶菌落的估计数。

⑥参考标准

IDF 标准 101 A：1991——乳中嗜冷菌的检验。

方法二：快速法—21℃，培养 25 h

（1）范围

本标准描述的是通过 21℃时快速菌落计数技术进行嗜冷菌菌数估算的方法。

此方法用于原奶和巴氏杀菌奶的检验—当需要很快地得到嗜冷菌估算值的时候。

（2）方法提要

①准备好加有培养基和定量稀释适当倍数的被测样品的培养皿。

②将培养皿在 21℃条件下培养 25 h。

③根据培养皿中的菌落数计算出每毫升样品中的菌落数，选择菌落数比较恰当的稀释倍数和比较得当的培养皿进行菌落计数。

（3）试剂

①稀释液

生理盐水：0.85%的氯化钠水溶液，灭菌。

②培养基

将平板计数琼脂 23.5 g 与脱脂奶粉 1 g，溶于 1 000 mL 水中，必要时用滤纸过滤，调节 pH 为 6.9±0.1。将培养基分装倒入三角瓶中，每瓶（100～150）mL，在（121±1）℃下灭菌 15 min。如果培养基马上要用，用水浴锅冷却到（46±1）℃；如果不是，则为了不耽误培养基的使用，在实验开始前，将培养基放入沸腾水浴中使其完全熔化，然后再放入水浴中冷却到（46±1）℃。

**（4）仪器及玻璃器皿**

微生物实验室常用仪器，制备和稀释样品所用仪器如下：

①培养箱：可以调节并保持到（21±1）℃

② pH 计：带温度补偿，精度为 0.1

③水浴：可以保持到（46±1）℃

④三角瓶：250～300 mL，带合适的塞子。

⑤吸管：用嘴吸的吸管要用脱脂棉或纤维素塞紧。

⑥培养皿：玻璃或塑料的，直径在 90～100 mm

**（5）操作步骤**

①样品的稀释及培养

a. 稀释步骤同本节"方法一"。

b. 待培养基凝固翻转平板，放入 21℃ 培养箱内培养 25 h。

注：每叠皿不应超过 6 个，每叠皿之间以及与培养箱的壁应保持一定的间隙。

②菌落计数方法

同本节"方法一"。

③菌落计数的报告

同本节"方法一"。

**（6）参考标准**

IDF 标准 132A——乳中嗜冷菌快速检测方法，21℃，25 h。

## 4. 霉菌与酵母菌的检测

**（1）霉菌和酵母菌介绍：**

霉菌和酵母菌是真菌中的一大类，通常是单细胞，呈圆形、卵圆形、腊肠形或杆状。霉菌是能够形成疏松的绒毛状的菌丝体的真菌；酵母菌是一些单细胞真菌。

霉菌和酵母菌在自然界分布广泛，某些霉菌和酵母可以用来加工一些食品，如用霉菌加工干酪和肉，还可以利用他们酿酒和制酱。但有些情况下，霉菌和酵母菌也能造成食品腐败变质。由于霉菌和酵母能抵抗热、冷冻，以及抗生素和辐照等贮藏及保藏技术，它们能转换某些不利于细菌的物质，而促进致病细菌的生长；有些霉菌能够合成有毒代谢产物—霉菌毒素。霉菌和酵母菌往往使食品表面失去色、香、味。例如，酵母菌在新鲜的和加工的食品中繁殖，可使食品产生难闻的异味，它还可以使液体发生混浊，产生气泡，形成薄膜，改变颜色及散发不正常的气味等。因此霉菌或酵母菌也作为评价食品卫生质量的指示菌，并以霉菌和酵母菌计数来制定食品被污染的程度。

**（2）设备和材料**

① 温箱：25～28℃；

②振荡器；

③天平；

④显微镜；

⑤带塞三角瓶；

⑥试管：15 mm×150 mm；

⑦平皿：直径 9 cm；

⑧酒精灯；

⑨吸管：1 mL、10 mL；

⑩载玻片；

⑪盖玻片；

⑫广口瓶；

⑬牛皮纸袋：121℃灭菌 20 min；

⑭金属勺、刀等；

⑮试管架；

⑯接种针；

⑰橡皮乳头。

（3）培养基和试剂

在霉菌和酵母计数中，主要使用以下几种选择性培养基：

在霉菌和酵母计数中，主要使用以下几种选择性培养基：

①马铃薯-葡萄糖-琼脂培养基（PDA）：霉菌和酵母菌在PDA培养基上生长良好。用PDA作平板计数时，必须加入抗生素以抑制细菌。参照国标GB4789.28中4.79的规定检验。

②孟加拉红（虎红）培养基：该培养基中的孟加拉红和抗生素具有抑制细菌的作用，孟加拉红还可抑制霉菌菌落的蔓延生长。在菌落背面由孟加拉红产生的红色有助于霉菌和酵母菌落的计数。参照国标GB4789.28中4.81的规定检验。

③高盐察氏培养基：粮食和食品中常见的曲霉和青霉在该培养基上分离效果良好，它具有抑制细菌和减缓生长速度快的毛霉科菌种的作用。参照国标GB4789.28中4.78的规定检验。

④灭菌蒸馏水。

⑤75%乙醇溶液。

（4）检验程序

霉菌和酵母菌检验程序见图1-12。

（5）操作步骤

①采样：取样时须特别注意样品的代表性和避免采样时的污染。首先准备好灭菌容器和采样工具，乳灭菌牛皮纸袋或广口瓶，金属刀或勺等。在卫生学调查基础上，采取有代表性的样品。样品采集后应尽快检验，否则应将样品放在低温干燥处。

用灭菌工具采集可疑霉变的乳与乳制品250 g，装入灭菌容器内送检。

②以无菌操作称取检样25 g(或25 mL)，放入含有225 mL灭菌水的玻璃三角瓶中，振摇30 min，即为1∶10稀释液。

③用灭菌吸管吸取1∶10稀释液10 mL，注入试管中，用带橡皮乳头的1 mL吸管反复吹吸50次，使霉菌孢子充分散开。

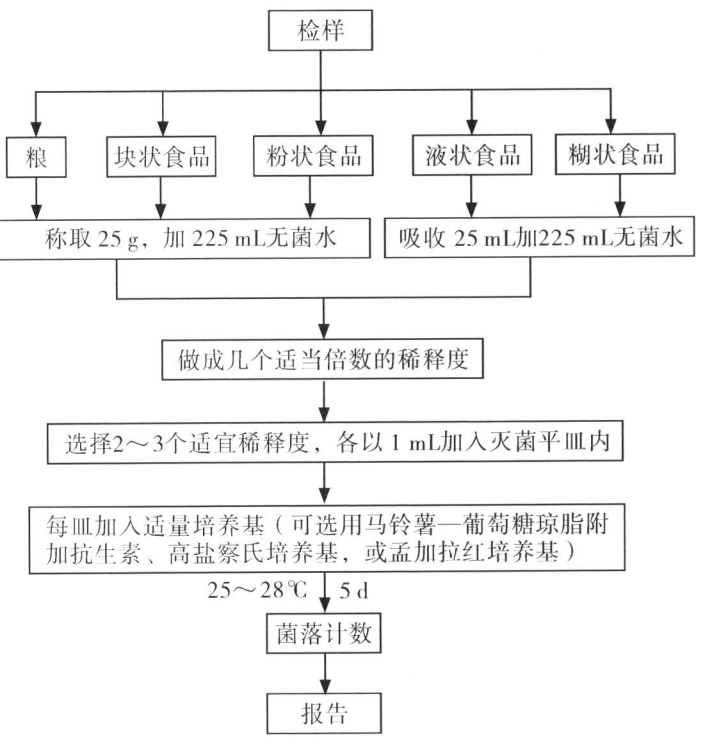

图 1-12 霉菌和酵母菌检验程序

④取 1 mL 1∶10 稀释液注入含有 9 mL 灭菌水的试管中，另换一支 1 mL 吸管吹吸 5 次，此液为 1∶100 稀释液。

⑤按上述操作顺序做 10 倍递增稀释液，每稀释一次，换用一支 1 mL 吸管，根据对样品的污染程度，选择 2～3 个合适的稀释度，分别做 10 倍稀释的同时，吸取 1 mL 稀释液于灭菌平皿内，每个稀释度做 2 个平皿，然后将冷却至 45℃ 左右的培养基注入平皿内，待琼脂凝固后，翻转平板，将其置于 25～28℃ 的培养箱中，3 d 后开始观察，共培养观察 5 d。

⑥计数方法：通常选择菌落数在 10～150 之间的平皿进行计数，同一稀释度的两个平皿的菌落数的平均值乘以稀释倍数，即为每克或每毫升检验中所含霉菌和酵母菌数。关于稀释倍数的选择可参考细菌菌落总数测定。

⑦报告：每克或每毫升食品中所含霉菌和酵母菌以个 /g（个 /mL）表示。

**（6）霉菌直接镜检计数法**：对霉菌计数，可以采用直接镜检的方法进行计数。

在显微镜下，霉菌菌丝具有如下特征：

①平行壁：霉菌菌丝呈管状，多数情况下，整个菌丝的直径是一致的。因此在显微镜下菌丝壁看起来像两条平行的线。这是区别霉菌菌丝和其他纤维最明显的特征之一。

②横隔：许多霉菌的菌丝具有横隔，毛霉、根霉等，少数霉菌的菌丝没有横隔。

③菌丝内呈粒状：薄壁、呈管状的菌丝含有原生质，在高倍显微镜下透过细胞壁可见其呈粒状或点状。

④分枝：如菌丝不太短，则多数呈分枝状，分枝与主干的直径几乎相同，有分枝是鉴定霉菌的特征之一。

⑤菌丝的顶端：常呈钝圆形。

⑥无折射现象。

凡有以上特征之一的均可判定为霉菌菌丝。

观察视野中有无菌丝，凡符合下列情况之一者为阳性视野。

a. 一根菌丝长度超过视野直径 1/6；

b. 一根菌丝长度加上分枝的长度超过视野直径 1/6；

c. 两根菌丝总长度超过视野直径 1/6；

d. 三根菌丝总长度超过视野直径 1/6；

e. 一丛菌丝可视为一个菌丝，所有菌丝（包括分枝）总长度超过视野直径 1/6。

根据对所有视野的观察结果，计算阳性视野所占比例，并以阳性视野百分数（％）报告结果。计算公式：

每件样品阳性视野（％）=（阳性视野数 / 观察视野数）×100

## 5. 芽孢与耐热芽孢的检测

**（1）概述**

将少量原奶（5～10 mL）在 80℃和 100℃下分别加热 10 min，在不同温度下培养计数。

**（2）设备和材料**

①培养箱：30～35℃与 50～55℃各 1 台；

②恒温水浴：（46±1）℃；

③平皿：直径 90 mm；

④试管；

⑤吸管；

⑥广口瓶或三角烧瓶：容量为 500 mL；

⑦试管架；

⑧恒温水浴：80℃和100℃各 1 个；

⑨温度计：0～100℃。

**（3）培养基和试剂**

①生理盐水 (0.85%NaCl 溶液 )

②营养琼脂或孢子计数专用培养基

**（4）操作步骤**

①芽孢总数的测定

a. 样品的前处理

以无菌操作，将 5～10 mL 原奶样品加入一带塞灭菌试管内，在另一试管加入与奶等量的水，并在加水的试管中插入一根温度计。

两支试管同时放入 80℃的恒温水浴中，待温度升至 80℃后，保温 10 min。

b. 样品的稀释及培养

◎保温结束后，将含原奶的试管用冷水迅速冷却。

◎根据样品的污染程度，选择 2 个适当的稀释度，分别做 10 倍递增稀释的同时，即以吸取该稀释度的吸管吸取 1 mL 稀释液于灭菌平皿内，每个稀释度做 2 个平皿。

◎稀释液移入平皿后，温度降至 46℃的培养基注入平皿内，使其混合均匀。同时做空白对照实验。

◎待琼脂凝固后，翻转平板，置（30～35）℃培养箱下培养 72 h。

◎菌落计数方法参见菌落总数的计数方法。

◎菌落数的报告参见菌落总数的报告方式。

②耐热芽孢总数的测定

a. 样品的前处理

◎以无菌操作将 5～10 mL 原奶样品加入一带塞灭菌试管中，在另一试管加入与奶等量的水,并在加水的试管中插入一根温度计。

◎将两支试管同时放入100℃的恒温水浴中,待温度升至100℃后,保温10 min。如果水达不到100℃就沸腾,则等待时间需延长。或在水中加入盐以提高沸点温度,但要避免原奶样品沸腾。

b.样品的稀释及培养

◎保温结束后,将含原奶的试管用冷水迅速冷却。

◎根据样品的污染程度,选择2个适当的稀释度,分别做10倍递增稀释的同时,即以吸取该稀释度的吸管吸取1 mL稀释液于灭菌平皿内,每个稀释度做4个平皿,分成2组,每组2个平皿。

◎稀释液移入平皿后,即将冷却至46℃的培养基注入平皿内,使其混合均匀。同时做空白对照实验。

◎待琼脂凝固后,翻转平板,将1组平皿置于(30~35)℃培养箱,另一组放入(50~55)℃培养箱内,均培养72 h。

c.菌落计数方法参见菌落总数的计数方法。

d.菌落数的报告参见菌落总数的报告方式。

在(30~35)℃条件下培养的菌落数为耐热适中温菌的芽孢数,而在(50~55)℃条件下培养的菌落数为耐热嗜热型的芽孢数。计数两个温度下的总和为每毫升测试样品中的总耐热芽孢总数。

## 6.涂抹实验

(1)材料

① 150 mL三角烧瓶;

② 75%酒精棉球;

③镊子;

④营养琼脂;

⑤平皿,直径为9 cm;

⑥培养箱(36±1)℃。

(2)试剂

生理盐水:0.85%、8.5 g氯化钠溶于1 000 mL蒸馏水中(如检样用氯消过毒,需加10%硫代硫酸钠以除氯)。

高压灭菌：生理盐水 50 mL 分装于三角瓶中并放适量棉球、营养琼脂、平皿在 121℃下，高压灭菌 20 min。

（3）取样频率

①车间转换不同卫生要求的产品时，在加工前进场擦拭检验，以便了解车间卫生清扫消毒情况。

②全厂统一放长假后，车间生产前，进行全面擦拭检验。

③产品检验结果超出内控标准时，应及时对车间可疑处进行擦拭，如有检验不合格点，整改后再进行擦拭检验。

④实验新产品，按客户要求的擦拭频率进行擦拭检验。

⑤对工作表面消毒产生怀疑时，进行擦拭检验。

⑥正常生产状态的擦拭，按照检验计划内容中涂抹要求进行实验。

（4）采样方法

①采样时应注意各部位的代表性，散装的样品应放于灭菌容器中，及时检验，一般应不超过 3 小时。鲜乳在气温较高情况下应进行冷藏，不得使用任何防腐剂。

②采样必须在无菌操作下进行。

③采样用具：如探子、铲子、匙，采样器、试管、广口瓶、剪子等，必须是无菌的。

④根据样品种类，如袋、瓶和罐装者，应取完整的、未开封的。如果样品很大，则需用无菌采样器进行取样；样品是固体粉末，应边取边混合；是液体的，通过振摇即可混匀；检样是冷冻食品的，应保持在冷冻状态，非冷冻食品需保存在（0～5）℃的环境条件下。

⑤采完样品后应立即标明采样日期、品名或编号、采样地点。

对车间设备做涂抹采样时需注意：

a. 首先在打开设备舱门前应用 75% 酒精对设备门及周围空气和手部进行全面消毒。

b. 取出灭菌瓶内的棉签或棉球（用灭菌消过毒的镊子取出棉球），3 s 之内对设备需做微生物验证的部位进行均匀擦拭，迅速来回 2～3 次，（使用镊子棉球时注意镊子不要碰触到设备表面）迅速将棉签或棉球放进灭过菌的生理盐水试管容器中（棉签要将手拿部分折断）。进行编号后送检。

对工人的手做涂抹采样时需注意：

被检人五指并拢，用灭菌的棉签或棉球在单手指曲面，从指尖到指端来回涂擦 10 次，然后将棉签或棉球迅速放入含生理盐水的试管容器中。进行编号后送检。

**（5）细菌总数检测**

①以上所采样用的是 1∶10 的稀释液。如污染严重，可十倍递增稀释。

②所采样不能及时检测，应暂时置于冰箱中，在于 6 h 内进行检测。

③菌落检测：

以无菌操作，选择 1～2 个稀释度各取 1 mL 样液分别注入无菌平皿内，每个稀释度做两个平皿（平行样），将已融化冷却至 45℃左右的平板计数琼脂培养基倾入平皿，每皿约 15 mL，充分混合。注：不同的样液使用不同的移液管进行取样。

注：不同的样液使用不同的移液管进行取样。

待琼脂凝固后，将平皿翻转，置（36±1）℃培养 48 h 后计数。

④结果报告：报告每平方厘米（$cm^2$）食品接触面中或每只手的菌落数。

灌装车间操作工手的细菌菌落总数 ≤ 10 $cfu/cm^2$

其他岗位操作工手的细菌菌落总数 ≤ 30 $cfu/cm^2$

操作工人员手的大肠菌群、致病菌不得检出。

## 7. 空降实验

**（1）术语**

通过自然沉降原理收集在空气中的生物粒子于培养基平皿，经若干时间，在适宜的条件下让其繁殖到可见的菌落进行计数，以平板培养皿中的菌落数来判定洁净环境内的活微生物数，并以此来评定此区域的洁净度。

**（2）试剂和仪器**

①营养琼脂培养基 按 GB/T 4789.28—2013 中 4.7 规定购买制好的营养琼脂，按说明配制后，分装于 300 mL 三角瓶中，进行高压灭菌（121℃、15 min）；

②灭菌培养皿；

③恒温培养箱；

④记号笔。

（3）方法

①培养基准备：在无菌条件下，将冷却至46℃的营养琼脂注入平皿约15 mL，并转动平皿使之混匀，营养琼脂凝固后，待用。

培养基：菌落总数用平板计数琼脂培养基，霉菌、酵母菌用孟加拉红培养基/马铃薯—葡萄糖—琼脂培养基。

②采样：各区域采样点的位置离地0.8～1.5 m左右（略高于工作面）；避开通风口及门口位置。将已制备好的培养皿按要求放置，打开培养皿盖，使培养基表面暴露15 min，再将培养皿盖盖上后倒置；

根据采样室面积的大小放置营养琼脂平皿，一般规定：

面积≤30 m$^2$，按对角线位置放置3个皿；

面积＞30 m$^2$，按采样室四个角加中间放置5个皿。

放置时应将营养琼脂平皿盖打开，放置15 min，同一区域同时放多个皿，结果取其平均数报告（一般气流流动小的区域，单皿即可；气流流动大的区域、重点区域和关键设备，不得少于两个皿）。

③培养：全部采样结束后，将培养皿倒置于恒温培养箱中培养；菌落总数在（36±1）℃培养箱中培养，时间（48±2）h；霉菌在（28±1）℃培养箱中培养5 d；每批培养基应有对照试验，检验培养基本身是否污染；可每批选定1只培养皿作对照培养。

④菌落计数：用肉眼直接计数，标记或在菌落计数器上点计，然后用5～10倍放大镜检查，不能遗漏；若培养皿上有2个或2个以上的菌落重叠，分辨时仍以2个或2个以上菌落计数。

（4）结果评定

各区域检测结果按判定标准执行，如超出标准，查找原因并采取相应措施控制。

（5）注意事项

①测试用具要作灭菌处理，以确保测试的可靠性、正确性；

②采取一切措施防止人为对样本的污染；

③禁止在采样时，人为向平皿中喷洒酒精及其他消毒液；

④对培养基、培养条件及其他参数作详细的记录；

⑤由于细菌种类繁多，差别甚大，计数时一般用透射光照射于培养皿；

⑥背面或正面仔细观察，不要漏计培养皿边缘生长的菌落，并须注意细菌菌落与培养基沉淀物的区别，必要时用显微镜鉴别；

⑦采样前应仔细检查每个培养皿的质量，如发现变质、破损或污染的应剔除；

⑧计数时，必须使用 5～10 倍放大镜检查，不能遗漏。

⑨沉降菌落测试前，被测试洁净室（区）已经过消毒；

⑩测试人员必须穿戴符合环境洁净度的工作服。

## 8. 商业无菌

**（1）设备和仪器**

①超净工作台；

②冰箱（4℃）；

③恒温箱：（30±1）℃、（36±1）℃、（55±1）℃；

④显微镜：带油镜头；

⑤天平；

⑥接种环；

⑦灭菌剪刀、试管、吸管、平皿、镊子；

⑧白色搪瓷盘；

⑨电位 pH 计；

⑩酒精灯。

**（2）培养基和试剂**

①革兰氏染色液；

②疱肉培养基；

③溴甲酚紫葡萄糖肉汤；

④酸性肉汤；

⑤麦芽浸膏汤；

⑥锰盐营养琼脂；

⑦血琼脂；

⑧卵黄琼脂；

⑨75% 酒精溶液。

（3）检验步骤

①按取样步骤取样。

②保温：将样品按照保温试验要求进行保温，保温过程中，每天检查，如有胀包或泄漏等现象，立即取出开包检测。

③开包装：取保温过的样品，冷却到室温后，开包检验。

④pH 测定：对每一包开包样品测 pH，看与标准是否有显著的差异。

⑤涂片染色镜检

a. 涂片：对 pH 检查结果认为可疑的进行涂片染色镜检。用接种环挑取样品涂于载玻片上，待干后用火焰固定。

b. 染色镜检：用革兰氏染色法染色，镜检，至少观察 5 个视野，记录细菌的染色反应、形态特征以及每个视野的菌数。与同批的正常样品进行对比，判断是否有明显的微生物增殖现象。

⑥接种培养

保温期间出现的胀包、酸包或开包检查发现 pH、感官质量异常，进一步镜检发现有异常数量细菌的样品，均应及时进行微生物接种培养。

对需要接种培养的样品用灭菌移液管移出 1 mL 内容物，分别接种培养，接种量为培养基的十分之一。所要求的 55℃培养基管，在接种前应在 55℃水浴锅中预热至该温度，接种后立即放入 55℃温箱培养。

⑦微生物培养检验程序及判定

参见"七、微生物检测中 1，2，3，4 标题内容"进行检测。

⑧样品密封性检验

对确定有微生物繁殖的样罐均进行密封性检验以判定该样品是否泄漏。

（4）结果判定

①该批产品抽取样品经保温试验未胀包、未酸包或未泄漏；保温后开包，经感官检查、pH 测定或涂片镜检或接种培养，确认无微生物繁殖现象，则为商业无菌。

②该批产品抽取样品经保温试验有一包以上发生胀包、酸包或泄漏；或保温后开包，经感官检查、pH 测定或涂片镜检和接种培养，确认有微生物繁殖现象，则为非商业无菌。

### （5）检验程序

商业无菌检验程序见图1-13。

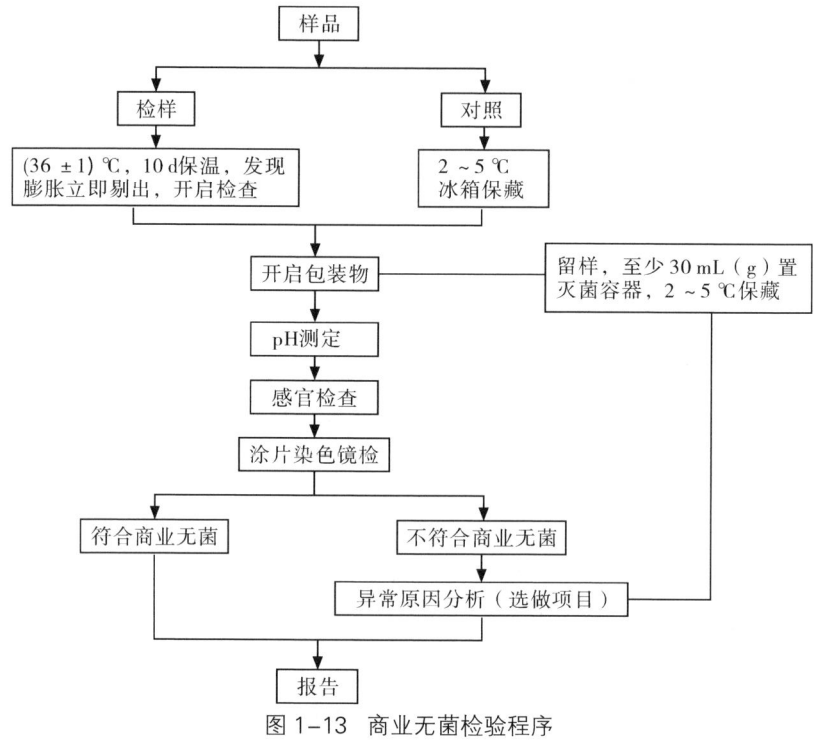

图1-13 商业无菌检验程序

## 9.微生物检测—染色技术

由于微生物细胞含有大量水分（一般在80%～90%），对光线的吸收和反射与水溶液的差别不大，与周围背景没有明显的明暗差，所以，除了观察活体微生物细胞的运动性外，绝大多数情况下都必须经过染色后才能在显微镜下进行观察。但是，任何一项技术都不是完美无缺的，染色后的微生物标本是死的，在染色过程中微生物的形态与结构均会发生一些变化，不能完全代表其生活细胞的真实情况，染色观察时必须注意。

### （1）染色的基本原理

等电点学说：细菌的等电点较低，pH大约在2～5之间，故在中性、碱性或弱酸性溶液中，菌体蛋白质电离后带阴电荷，而碱性染料电离时染料离子带阳电荷。因此，带阴电荷的细菌常与带阳电荷的碱性染料进行结合。所以，在细菌学上常用碱性染料进行染色。

通透性学说：革兰氏阴性菌与革兰氏阳性菌均让结晶紫染色液与碘液通过，进入菌体后，碘液与染料结合成一种不溶于水，只溶于酒精的化合物，这种化合物能渗出革兰氏阴性菌体外而不能渗出革兰氏阳性菌体外，这样革兰氏阳性菌仍保留结晶紫染色液和碘化合物的颜色而呈紫色，而革兰氏阴性菌则被脱色，复染后呈粉红色。

**（2）制片和染色的基本程序**

制片和染色的基本程序为：制片→干燥→固定→染色→媒染→脱色→复染→水洗→干燥→镜检

①制片

在干净的载玻片上滴一滴生理盐水，用接种环进行无菌操作，挑取培养物少许，置载玻片的水滴中，与水混合做成悬液并涂成直径约 1 cm 的薄层，为了避免因菌数过多聚成集团，不利观察个体形态，可在载玻片一侧再加一滴水，从已涂布的菌液中再取一些于此水滴中进行稀释，涂布成薄层。若材料为液体培养物，则直接涂布于载玻片上即可。

②自然干燥

涂片可在室温下自然干燥，也可在酒精灯上轻过几次，使水分蒸发，但切勿加热时间过长，温度过高，以防标本烤枯而变形。

③固定

一般均用加热法，手执载玻片的一端（涂有标本的远端），标本向上，迅速通过酒精灯火焰外层 2～3 次，共约 2～3 min，温度以载玻片反面接触皮肤，热而不烫为宜（不超过 60℃）。放置待冷后，进行染色。以上固定法在微生物实验室虽然运用较多，但在研究微生物细胞结构时不适用，应采用化学固定法。化学固定法最常用的固定剂有：酒精（95%）、酒精和醚各半的混合物、丙酮、1%～2% 的四氧化锇等。四氧化锇能很快固定细胞但不改变其结构，故较常用。应用锇酸固定细胞的方法如下：

应用四氧化锇固定细胞的方法：在玻璃上放一玻璃毛细管，在毛细管中注入少量的 1%～2% 四氧化锇溶液，同时在玻璃上再放置涂标本涂片的载玻片，然后把培养皿盖上，经过 1～2 min 后把标本从培养皿中取出，并使之干燥。

固定的目的：

a. 杀死微生物，固定细胞结构。

b. 保证菌体能更牢的粘附在载玻片上，防止标本被水冲洗掉。

c. 改变染料对细胞的通透性，因为死的原生质比活的原生质易于着色。

④染色

标本固定后滴加染色液。染色的时间各不相同，视标本与染料的性质而定，有时染色液还需加热。染料作用标本的时间平均约 1～3 min，在整个染色时间内有标本的部分应完全浸在染液中。

若做复合染色，在媒染处理时，媒染与染料形成不溶性化合物，可增加染料和细菌的亲和力。一般固定后媒染，但也可以结合固定或染色同时进行。

⑤脱色

用醇类或酸类处理染色的细胞，使之脱色。可检查染料与细胞结合的稳定程度，鉴别不同种类的细菌。常用的脱色剂是95%的乙醇和3%的盐酸溶液。

⑥复染

脱色后再用一种染色剂进行染色，与未被脱色部位形成鲜明的对比，便于观察。

⑦水洗

染色到一定的时候，用细小的水流从标本的侧面把染料冲掉，被菌体吸附的染料则被保留。

⑧干燥

着色标本洗净后，将标本晾干，或用吸水纸把多余的水吸干，然后晾干或为热烘干。用吸水纸时，切勿使载玻片翻转，以免将菌体擦掉。

⑨镜检

（3）细菌染色的基本方法

①吕氏美蓝染色法

a. 染色液的配制

◎吕氏美蓝染色液：美蓝 0.3 g、95% 体积分数的乙醇 30 mL、0.1 g/L 氢氧化钾溶液 100 mL。将美蓝溶解于乙醇中，然后与氢氧化钾溶液混合。

b. 染色方法

将涂片干燥后热固定，待冷却。滴加染色液，染 1～3 min，水洗，待干，镜检。

c. 观察结果：菌体呈蓝色。

②革兰氏染色法

a.染色液的配制

◎ 结晶紫染色液配制：结晶紫 1 g、95% 体积分数的乙醇 20 mL、10 g/L 草酸铵水溶液 80 mL。将结晶紫溶解于乙醇中，然后与草酸铵溶液混合。

◎ 革兰氏碘液配制：碘 1 g、碘化钾 2 g、蒸馏水 300 mL。将碘与碘化钾先进行混合，加入蒸馏水少许，充分振摇，待完全溶解后，再加蒸馏水至 300 mL。

◎ 沙黄复染液配制：沙黄 0.25 g、95% 体积分数的乙醇 10 mL、蒸馏水 90 mL。将沙黄溶解于乙醇中，然后用蒸馏水稀释。

b.染色方法：

◎将涂片干燥后，在火焰上热固定；

◎滴加结晶紫染色液，作用 1 min，水洗；

◎滴加革兰氏碘液，作用 1 min，水洗；

◎滴加 95% 体积分数的乙醇脱色，约 30 s；或将乙醇滴满整个涂片，立即倾去，再用乙醇滴满整个涂片，脱色 10 s，水洗；

◎滴加沙黄复染液，作用 1 min，水洗，待干，镜检。

c.观察结果：革兰氏阳性菌呈紫色；革兰氏阴性菌呈红色。

③夹膜染色法

a.染液的配制

◎ 结晶紫溶液：结晶紫乙醇溶液 5 mL 加蒸馏水 95 mL。

◎ 硫酸铜溶液：200 g/L。

b.染色方法：

◎ 将有夹膜的细菌涂片，在空气中干燥，加热固定；

◎ 滴加结晶紫溶液，在火焰上略微加热，冒蒸气为止；

◎ 用 200 g/L 硫酸铜溶液将涂片上的染液洗去，此时勿再用水洗；

◎ 用吸水纸吸干后镜检。

c．观察结果：菌体及背景呈红色，菌体周围有一圈淡紫色或无色的荚膜。

④芽孢染色法

a.染液的配制

◎石碳酸品红溶液：碱性品红 0.3 g、95% 体积分数的乙醇 10 mL、50 g/L 酚酞溶液 90 mL。将品红溶解于乙醇中，然后与酚酞溶液混合。

◎碱性美蓝溶液。

◎95%乙醇。

b.染色方法

◎将有芽孢的细菌涂片，干燥后热固定；

◎加石炭酸品红溶液，文火加热，冒热气约 5 min，冷却后水洗；

◎用 95% 的乙醇脱色 2 min，水洗；

◎用碱性美蓝溶液复染 0.5 min，水洗；

◎待干，镜检。

c.结果观察：芽孢呈红色，菌体呈蓝色。

## 10. 微生物检测—镜检技术

显微技术是微生物检验技术中最常用的技术之一。在实验室中常用的有普通光学显微镜、暗视野显微镜、相差显微镜和荧光显微镜。

**（1）普通光学显微镜的结构和基本原理**

①结构

光学显微镜是由放大系统和机械装置两部分组成。光学系统一般包括目镜、物镜、聚光器、光源等；机械系统一般包括镜筒、物镜转换器、镜台、镜臂和底座等。

②原理

显微镜的放大效能是由所用光波长短和物镜数值口径决定，缩短使用的光波波长或增加数值口径可以提高分辨率，可见光的光波幅度比较窄，紫外光波长短可以提高分辨率，但不能用肉眼直接观察。所以利用减小光波长来提高光学显微镜分辨率是有限的，提高数值口径是提高分辨率的理想措施。要增加数值口径，可以提高介质折射率，当空气为介质时折射率为 1，而香柏油的折射率为 1.51，与载玻片的玻璃折射率 1.52 相近，这样光线可以不发生折射而直接通过载玻片、香柏油进入物镜，从而提高分辨率。显微镜总的放大倍数是目镜和物镜放大倍数的乘积，而物镜的放大倍数越高，分辨率越高。

**（2）普通显微镜的使用方法**

①低倍镜观察

先将低倍物镜的位置固定好，然后放置标本片，转动反光镜，调好光线，将物镜提高，向下调至看到标本，再用细调对准焦距进行观察。除少数显微镜外，聚光镜的位置都要放在最高点。如果视野中出现外界物体的图像，可以将聚光镜稍微下降，图像就可以消失。聚光镜下的虹彩光圈应调到适当的大小，以控制射入光线的量，增加明暗差。

②高倍镜观察

显微镜的设计一般是共聚焦点。低倍镜对准焦点后，转换到高倍镜基本上也对准焦点，只要稍微转动微调即可。有些简易的显微镜不是共聚焦点，或者是由于物镜的更换而达不到共聚焦点，就要采取将高倍物镜下移，再向上调准焦点的方法。虹彩光圈要放大，使之能形成足够的光锥角度。稍微上下移动聚光镜，观察图像是否清晰。

③油浸镜观察

油浸镜的工作距离很小，所以要防止载玻片和物镜上的透镜损坏。使用时，一般是经低倍、高倍到油浸镜。当高倍物镜对准标本后，再加油浸镜观察。载玻片标本也可以不经过低倍和高倍物镜，直接用油浸镜观察。显微镜有自动升降装置的，载玻片上加油以后，将油浸镜下移到油滴中，到停止下降为止，然后用微调向上调准焦点。没有自动止降装置的，对准焦点的方法是从显微镜的侧面观察，将油浸镜下移到与载玻片稍微接触为止，然后用微调向上提升调准焦点。

使用油浸镜时，镜台要保持水平，防止油流动。油浸镜所用的油要洁净，聚光镜要提高到最高点，并放大聚光镜下的虹彩光圈，否则会降低数值口径而影响分辨率。无论是油浸镜或高倍镜观察，都宜用可调节的显微镜灯作光源。

**（3）普通显微镜的保养**

显微镜是精密贵重的仪器，必须很好地保养。显微镜用完后要放回原来的镜箱或镜柜中，同时要注意下列事项：

①观察完后，移去观察的载玻片标本。

②用过油浸镜的，应先用擦镜纸将镜头上的油擦去，再用擦镜纸蘸着二甲苯擦拭2～3次，最后再用擦镜纸将二甲苯擦去。

③转动物镜转换器，放在低倍镜的位置。

④将镜身下降到最低位置，调节好镜台上标本移动器的位置，罩上防尘套。镜头的保护最为重要。镜头要保持清洁，只能用软而没有短绒毛的擦镜

纸擦拭。擦镜纸要放在纸盒中，以防沾染灰尘。切勿用手绢或纱布等擦镜头。物镜在必要时可以用溶剂清洗，但要注意防止溶解固定透镜的胶固剂。根据不同的胶固剂，可选用不同的溶剂，如酒精、丙酮和二甲苯等，其中最安全的是二甲苯。方法是用脱脂棉花团蘸取少量的二甲苯，轻擦，并立即用擦镜纸将二甲苯擦去，然后用洗耳球吹去可能残留的短绒。目镜是否清洁可以在显微镜下检视。转动目镜，如果视野中可以看到污点随着转动，则说明目镜已沾有污物，可用擦镜纸擦拭目的透镜。如果还不能除去，再擦拭下面的透镜，擦过后用洗耳球将短绒吹去。在擦拭目镜或由于其他原因需要取下目镜时，都要用擦镜纸将镜筒的口盖好，以防灰尘进入镜筒内，落在镜筒下面的物镜上。

**（4）显微计数**

利用血球计数器在显微镜下直接计数是一种常见的微生物计总数的方法。因为计数器载片和盖片间的容积一定，所以可以根据显微镜下观察到的微生物数目来计算单位体积内微生物总数。

血球计数器是一只特制的载玻片。载玻片上有两个方格网，每一方格网共分九个大方格，其中间的一个大方格用来做微生物计数，所以又称为计数室。计数室的刻度一般有两种，一种是每个大方格分成 16 个中方格，每个中方格又分成 25 个小方格。另一种是一个大方格分 25 个中方格，每个中方格又分成 16 个小方格，不论哪一种，一个大方格，都等分成（25×16 或 16×25）400 个小方格。因为每个大方格边长为 1 mm，载玻片与盖玻片间距离为 0.1 mm，所以每个计数室（1 个大方格）体积为 0.1 $mm^3$。测出每个中方格菌数，就可以算出一个大方格的菌数，由此推算出 1 ml 菌液内所含的菌数。

一个大方格是 16 个中方格时，应当数 4 角 4 个中方格（即 100 个小方格）的菌数，一个大方格是 25 个中方格时，除取 4 角 4 个中方格外，还要数中央一个中方格（即为 80 个小方格）的菌数。

# 八、水质检验

## 1. 配料水检验

**（1）感官指标的检验**

取 300 mL 水样，置于 500 mL 的三角瓶中，将水样摇匀，在光线明亮处，迎光观察其杂质、沉淀情况。

取 100 mL 水样，置于 250 mL 的三角瓶中，振摇后从瓶口嗅水的气味；并取少量水样放入口中，不要咽下去，品尝味道；将上述三角瓶内水样加热至开始沸腾，取下稍冷后，按上述方法嗅气味、品尝。

（2）理化指标的检验

① pH 的测定

玻璃电极在使用前应放入纯水中浸泡 24 h 以上。

用 pH 标准缓冲溶液检查仪器和电极必须正常。

用洗瓶以纯水缓缓淋洗电极数次，再以水样淋洗 6～8 次，调整水样温度为 25℃时插入水样中，1 min 后读数。

②总硬度（钙硬度和镁硬度）的测定

a. 原理：当水样中有铬黑 T 指示剂存在时，与钙、镁离子形成紫红色的螯合物，这些螯合物的不稳定常数大于乙二胺四乙酸二钙和镁螯合物不稳定常数。当 pH=10 时，乙二胺四乙酸二钠先与钙离子，再与镁离子形成螯合物，滴定至终点时，溶液呈现出铬黑 T 指示剂的天蓝色。

b. 方法：吸取 50.0 mL 水样（若硬度过高，可取少量水样，用纯水稀释至 50 mL；若硬度低，改取 100 mL），置于 150 mL 锥形瓶中。

加入 1～2 mL 缓冲溶液、5 滴铬黑 T 指示剂，立即用 $Na_2EDTA$ 标准溶液滴定至溶液从紫红色成为不变的天蓝色为止，同时做空白试验，记下用量。

若水样中含有金属干扰离子，使滴定终点延迟或颜色发暗，可另取水样，加入 0.5 mL 盐酸羟胺及 1 mL 硫化钠溶液，再行滴定。

钠先与钙离子，再与镁离子形成螯合物，滴定至终点时，溶液呈现出铬黑 T 指示剂的天蓝色。

c. 计算：

$\rho(CaO) = \left[(V_1 - V_0) \times C \times 56 \times 1\,000\right] / V$

$\rho(CaCO_3) = \left[(V_1 - V_0) \times C \times 100.09 \times 1\,000\right] / V$

56——与 1.00 mL 乙二胺四乙酸二钠标准溶液 [$c(Na_2EDTA)$=1.000 mol/L] 相当的以毫克（mg）表示的总硬度（以 CaO 计）；

100.09——与 1.00 mL 乙二胺四乙酸二钠标准溶液 [$c(Na_2EDTA)$=1.000 mol/L] 相当的以毫克（mg）表示的总硬度（以 $CaCO_3$ 计）；

我国以 (°) 计，1° =10 mg/kg (CaO)：

$V_0$——空白滴定所消耗 $Na_2EDTA$ 标准溶液的体积，mL；

$V_1$——滴定中所消耗乙二胺四乙酸二钠标准溶液的体积，mL；

$C$——乙二胺四乙酸二钠标准溶液的浓度，mol/L；

$V$——水样体积，mL。

d. 注意事项

酸度影响 $Na_2$-EDTA 络合反应，某些络合指示剂也要求在一定的 pH 范围内才能使用。所以在进行 $Na_2$-EDTA 滴定时，应特别注意控制溶液的酸度。镁离子形成的络合物在 pH=5～6 时几乎完全水解，因此需在 pH=10 的碱性溶液中进行。

由于 $Na_2$-EDTA 与金属离子在络合过程中有 $H^+$ 产生，使溶液的酸度提高，所以滴定时需要在溶液中加入一定量的缓冲液来维持 pH 在一定的范围内。

③氯化物含量的测定

a. 原理：硝酸银与氯化物作用生成氯化银沉淀，当有多余的硝酸银存在时，则与铬酸钾指示剂反应，生成红色铬酸银，指示反应达到终点。

b. 方法：

水样的处理：如水样带有颜色，则取 150 mL 水样，置于 250 mL 三角瓶内；加入 2 mL 氢氧化铝悬浮液，振荡均匀，过滤，弃去最初滤下的 20 mL。

取 50 mL 水样置于三角瓶，另取一三角瓶加入 50 mL 纯水，作为空白。

分别加 2 滴酚酞指示剂，用硫酸溶液（0.05 mol/L）或氢氧化钠溶液（2 g/L），调至溶液红色恰好褪去，各加 1 mL 铬酸钾溶液，用硝酸银标准溶液进行滴定，同时用玻璃棒不停搅拌，直至产生橘黄色为止。

c. 氯化物含量计算：

$$C=(V_2-V_1)\times 0.500 \times 1000 / V_3$$

式中：$C$ 水样中氯化物浓度，mg/L；

$V_1$——纯水空白消耗硝酸银标准溶液量，mL；

$V_2$——水样消耗硝酸银标准溶液量，mL；

$V_3$——水样体积，mL。

④电导率的测定

依据电导率仪操作规程，选好电极和测量条件，将电极用蒸馏水洗净后，再用被测水样冲洗3次以上，插入盛放待测溶液的烧杯中，选择适当量程，读出表上读数，即可计算出待测溶液的电导率值。

盛放待测溶液的烧杯应用被测水样冲洗3次，以避免离子污染。

## 2. 软化水检验方法

### （1）感官指标的检验

取300 mL水样，置于500 mL的三角瓶中，将水样摇匀，在光线明亮处迎光观察其杂质、沉淀情况。

取100 mL水样，置于250 mL的三角瓶中，振摇后从瓶口嗅水的气味。并取少量水样放入口中，不要咽下去，品尝水的味道。

### （2）理化指标检测

①硬度检测

a.原理：当水样中有铬黑T指示剂存在时，与钙、镁离子形成紫红色的螯合物，这些螯合物的不稳定常数大于乙二胺四乙酸钙和镁螯合物不稳定常数。当pH=10时，乙二胺四乙酸钠先与钙离子，再与镁离子形成螯合物，滴定至终点时，溶液呈现出铬黑T指示剂的天蓝色。

b.方法：

量取100 mL水样于250 mL三角瓶中，加入1～2 mL pH=10的氨－氯化铵缓冲溶液，再加入5滴5 g/L的铬黑T指示剂，混匀，然后用0.01 mol/L的EDTA溶液滴定溶液至天蓝色，根据消耗0.01 mol/L的EDTA溶液的体积计算出水样的硬度。

总硬度（DH）＝（$a-b$）× $C$ × 1 000 × 100.09 × 0.0560/$V$

$C$：EDTA标准溶液的浓度，mol/L；

$V$：水样的体积，mL；

$a$：滴定水样时消耗EDTA标准溶液的体积，mL；

$b$：滴定空白时消耗EDTA标准溶液的体积，mL；

100.09—与1.00 mL乙二胺四乙酸钠标准溶液相当的以毫克（mg）表示的总硬度（以CaO计）；

0.0560—换算系数

② pH 的测定

仪器：pH 计

方法：将电极用蒸馏水洗净后，再用被测水样冲洗 2 次以上，然后浸入水样进行测定，读数。水样温度控制在 20℃左右。

### 3. 污水 COD 的测定

**（1）化学需氧量定义**

在一定条件下，经重铬酸钾氧化处理时，水样中的溶解性物质和悬浮物所消耗的重铬酸盐相对应的氧的质量浓度。

**（2）原理**

在水样中加入已知量的重铬酸钾溶液，并在强酸介质下以银盐作催化剂，经沸腾回流后，以邻菲啰啉为指示剂，用硫酸亚铁铵滴定水样中未被还原的重铬酸钾，由消耗的硫酸亚铁铵的量换算成消耗氧的质量浓度。

在酸性重铬酸钾条件下，芳烃及吡啶难以被氧化，其氧化率较低。在硫酸银催化作用下，直链脂肪族化合物可有效地被氧化。

**（3）试剂**

①硫酸银 ($Ag_2SO_4$)、硫酸汞 ($HgSO_4$)、硫酸（$p = 1.84\ g/mL$）。

②硫酸银-硫酸试剂：向 1 L 硫酸中加入 10 g 硫酸银，放置 1～2 d 使之溶解，并混匀，使用前小心摇动。

③重铬酸钾标准溶液

a. 浓度为 $C(1/6K_2Cr_2O_7) = 0.250\ mol/L$ 的重铬酸钾标准溶液：将 12.258 g 在 105℃干燥 2 h 后的重铬酸钾溶于水中，稀释至 1 000 mL；

b. 浓度为 $C(1/6K_2Cr_2O_7) = 0.0250\ mol/L$ 的重铬酸钾标准溶液：将 0.250 mol/L 的溶液稀释 10 倍而成。

④硫酸亚铁铵标准滴定溶液

浓度为 $C[(NH_4)_2Fe(SO_4)_2 \cdot 6H_2O] \approx 0.10\ mol/L$ 的硫酸亚铁铵标准滴定溶液：溶解 39 g 硫酸亚铁铵于水中，加入 20 mL 硫酸，待其溶液冷却后稀释至 1 000 mL。

每日临用前，必须用重铬酸钾标准溶液 (0.250 mol/L) 准确标定其浓度。

标定方法：取 10.00 mL 重铬酸钾标准溶液置于锥形瓶中，用水稀释至约 100 mL，加入 30 mL 硫酸，混匀，冷却后，加 3 滴（约 0.15 mL）邻菲啰啉指示剂，用硫酸亚铁铵滴定溶液的颜色由黄色经蓝绿色变为红褐色，即为终点。记录下硫酸亚铁铵的消耗量 (mL)。

硫酸亚铁铵标准滴定溶液浓度的计算：

$$C[(NH_4)_2Fe(SO_4)_2 \cdot 6H_2O] = \frac{10.00 \times 0.250}{V} = \frac{2.50}{V}$$

式中：$V$——滴定时消耗硫酸亚铁铵溶液的体积，mL。

浓度为 $C[(NH_4)_2Fe(SO_4)_2 \cdot 6H_2O] \approx 0.010$ mol/L：将 0.10 mol/L 的溶液稀释 10 倍，用重铬酸钾标准溶液 (0.0250 mol/L) 标定计算。

⑤邻苯二甲酸氢钾标准溶液

浓度为 $C(KC_6H_5O_4)=2.0824$ mmol/L：称取 105℃时干燥 2 h 的邻苯二甲酸氢钾 0.4251 g 溶于水，并稀释至 1 000 mL，混匀。以重铬酸钾为氧化剂，将邻苯二甲酸氢钾完全氧化的 COD 值为 1.1768 氧/g ( 指 1 g 邻苯二甲酸氢钾耗氧 1.1768 g) 故该标准溶液的理论 COD 值为 500 mg/L。

⑥邻菲啰啉指示剂溶液：溶解 0.7 g 7H₂O 七水合硫酸亚铁 ($FeSO_4 \cdot 7H_2O$) 于 50 mL 的水中，加入 1.5 g 邻菲啰啉，搅动至溶解，加水稀释至 100 mL。

（4）设备

回流装置：带有 24 号标准磨口的 250 mL 锥形瓶的全玻璃回流装置。回流冷凝管长度为 300～500 mm。若取样量在 30 mL 以上，可采用带 500 mL 锥形瓶的全玻璃回流装置。

加热装置：电热套或水浴锅，酸式滴定管。

（5）检测

水样采集于玻璃瓶中，应尽快分析。如不能立即分析时，应加入硫酸至 pH＜2，置 4℃下保存。但保存时间不多于 5 d。采集水样的体积不得少于 100 mL。

①将试样充分摇匀，取出 20.0 mL 作为试料。

②对于 COD 值小于 50 mg/L 的水样，应采用低浓度的重铬酸钾标准溶液氧化，加热回流以后，采用低浓度的硫酸亚铁铵标准溶液回滴。

③该方法对未经稀释的水样其测定上限为 700 mg/L，超过此限时必须经稀释后测定。

④对于污染严重的水样。可选取所需体积 1/10 的试料和 1/10 的试剂，放入 10 mm×150 mm 硬质玻璃管中，摇匀后，用酒精灯加热至沸腾数分钟，

观察溶液是否变成蓝绿色。如呈蓝绿色，应再适当少取试料，重复以上试验，直至溶液不变为蓝绿色为止。从而确定待测水样适当的稀释倍数。

⑤取试料于锥形瓶中，或取适量试料加水至 20.0 mL。

⑥空白试验：按相同步骤以 20.0 mL 水代替试料进行空白试验，其余试剂和试料测定相同，记录下空白滴定时消耗硫酸亚铁铵标准溶液的毫升数 $V_1$。

⑦校核试验：按测定试料提供的方法分析 20.0 mL 邻苯二甲酸氢钾标准溶液的 COD 值，用以检验操作技术及试剂纯度。

该溶液的理论 COD 值为 500 mg/L，如果校核试验的结果大于该值的 96%，即可认为实验步骤基本上是适宜的，否则，必须寻找失败的原因，重复实验，使之达到要求。

⑧去干扰试验：无机还原性物质如亚硝酸盐、硫化物及二价铁盐将使结果增大，将其需氧量作为水样 COD 值的一部分是可以接受的。

实验的主要干扰物为氯化物，可加入硫酸汞部分地除去，经回流后，氯离子可与硫酸汞结合成可溶性的氯汞络合物。

当氯离子含量超过 1 000 mg/L 时，COD 的最低允许值为 250 mg/L，低于此值结果的准确度就不可靠。

⑨水样的测定：试料中加入 10.0 mL 重铬酸钾标准溶液和几颗防爆沸玻璃珠，摇匀。将锥形瓶接到回流装置冷凝管下端，接通冷凝水。从冷凝管上端缓慢加入 30 mL 硫酸银—硫酸试剂，以防止低沸点有机物的逸出，不断旋动锥形瓶使之混合均匀。自溶液开始沸腾起回流两小时。冷却后，用 20~30 mL 水自冷凝管上端冲洗冷凝管后，取下锥形瓶，再用水稀释至 140 mL 左右。溶液冷却至室温后，加入 3 滴邻菲啰啉指示剂溶液，用硫酸亚铁铵标准滴定溶液滴定，溶液的颜色由黄色经蓝绿色变为红褐色即为终点。记下硫酸亚铁铵标准滴定溶液的消耗毫量 $V_2$。

**结果计算：**

水样的化学需氧量 COD（mg/L）=$C(V_1-V_2) \times 8\,000/V_0$

式中：$C$——硫酸亚铁铵标准滴定溶液的浓度 mol/L；

$V_1$——空白试验所消耗的硫酸亚铁铵标准滴定溶液的体积，mL；

$V_2$——试料测定所消耗的硫酸亚铁铵标准滴定溶液的体积，mL；

$V_0$——试料的体积，mL。

8000——1/4 $O_2$ 的摩尔质量以 mg/L 为单位的换算值；

测定结果一般保留三位有效数字，当计算出 COD 值小的水样，当计算出 COD 值小于 10 mg/L 时，应表示为"COD < 10 mg/L"。

⑩标准溶液测定的精密度

40 个不同的实验室测定 COD 值为 500 mg/L 的邻苯二甲酸氢钾标准溶液，其标准偏差为 20 mg/L，相对标准偏差为 4.0%。

# 第二部分 牛乳检测试剂的配制

## 一、化验室常规注意事项

### 1. 仪器的使用

（1）所有仪器均按使用说明操作，不能随意操作。

（2）所有仪器只能按规定用途使用，不得违反规定使用。

（3）爱护仪器、注意保养，特别是精密仪器，如电子天平、显微镜等，用后应保持干净，盖好罩子。

（4）仪器用完，该断电的一定要断电，防止发生危险及损坏仪器。

（5）有些仪器如电子天平、pH计等要定期校验。

### 2. 卫生

①保持地面、操作台、试剂架、试剂柜及仪器表面干净无灰尘及其他杂物。

②所有仪器、试剂和药品应定位摆放整齐。

③每班下班前要倾倒垃圾。

④玻璃器皿一定要洗涤干净，特别是 $COD$ 测定用的磨口锥形瓶和碘量瓶。

⑤所取水样在化验结果出来以后，应及时倒掉，并洗净瓶子。

⑥做 $COD$ 用的玻璃珠不能随便倒掉，应全部回收，定期将玻璃珠洗净，放入烘箱烘干以备下次使用。

⑦由检验人员负责当天的卫生清洁工作。

## 3. 安全

（1）在配制卫生化学药品（如硫酸、盐酸、氢氧化钠等）时需按要求进行防护，以免发生意外。

（2）在配制强酸、强碱溶液或接触有毒性药物时，应严格按操作规程进行。如稀释硫酸时，应谨慎地将浓硫酸缓缓倾注于水中，切不可把水倒入浓硫酸中。

（3）打开强腐蚀性试剂时，瓶口不能对准自己或别人。

（4）在向冷凝管内加入试剂时要小心，防止其喷出伤人。

（5）每次称量药品（如氢氧化钠）、试剂（如浓硫酸）后，遗留在外面或操作台上的残留物应及时处理掉，并擦洗干净。

（6）做好试剂柜内药品的管理，不得让无关人员动用，特别是要按规定加强剧毒药品管理。

（7）严禁非有关人员出入化验室。

## 4. 操作的精确性

（1）称量试剂的天平应保持清洁、干燥，避免潮湿及腐蚀性气体的侵蚀。在进行称量操作时，被称取的试剂应置于称量纸上或其他器皿内，不可直接放入盘中称量。

（2）称量和量取药品、试剂时，要正确选用称量的天平和量取的容器。

# 二、化验室基础知识

## 1. 实验用水

### （1）实验室用水规格（见表2-1）和试验方法

参照国标（GB/T6682—2008）操作。

表2-1 实验室用水规格

| 名称 | 一级 | 二级 | 三级 |
| --- | --- | --- | --- |
| pH范围（25℃） | — | — | 5.0～7.5 |
| 电导率（25℃，mS/m） | ≤ 0.01 | ≤ 0.10 | ≤ 0.50 |
| 可氧化物质含量（以O计，mg/L） | — | ≤ 0.08 | ≤ 0.4 |
| 吸光度（254 nm，1 cm光程） | ≤ 0.001 | ≤ 0.01 | — |
| 蒸发残渣（105℃±2℃，mg/L） | — | ≤ 1.0 | ≤ 2.0 |

### (2)特殊需求实验用水的制备方法

①不含氯的水：加入亚硫酸钠等还原剂，将自来水中的余氯还原为氯离子，用 N—二乙基对苯二胺 (DPD) 检查不显色，接着用附有缓冲球的全玻璃蒸馏器进行蒸馏制取。

②不含二氧化碳的水

a.煮沸法制备：是一种相对简单的方法，将蒸馏水或去离子水煮沸至少 10 min（水多时），或使水量蒸发 10%以上（水少时），加盖冷却即得无二氧化碳水。

b.曝气法制备：将惰性气体（如高纯氮）通入蒸馏水或去离子水至饱和，即得无二氧化碳水。制得的无二氧化碳水应贮存于一个由碱石灰管橡皮塞封闭的瓶中。

③不含酚的水

a.最常用的是加碱蒸馏法制备：向水中加入氢氧化钠至 pH 大于 11，使水中酚生成不挥发性的酚钠后，用全玻璃蒸馏器蒸馏制得（蒸馏前可加少量高锰酸钾溶液使水呈紫红色）。

b.活性炭吸附法制备：将粒状活性炭加热至（150～170）℃烘烤 2 h 以上进行活化，然后放入干燥器内冷却至室温后，装入预先盛有少量水（避免炭粒间存留气泡）的层析柱中，使蒸馏水或去离子水缓慢通过柱床，按柱容量大小调节其流速，一般以每分钟不超过 100 mL 为宜。开始流出的水（略多于装柱时预先加入的水量）须再次返回柱中，然后正式收集。此柱所能净化的水量，一般约为所用炭粒表观容积的 1 000 倍。

④不含氨的水

a.向水中加入硫酸至 pH < 2，使水中各种形态的氨或胺最终都转变成不挥发的盐类，收集馏出液即可。

b.通过交换树脂柱也能除氨。

## 2.玻璃仪器的洗涤

### (1)常用的洗涤液

①铬酸洗液：

a.配制方法：称取 20 g 工业重铬酸钾置于 40 mL 水中加热溶解，冷却后，缓慢加入 360 mL 工业浓硫酸。

b.适用范围：被有机物严重污染的器皿和清洗不易或不能直接刷洗的玻璃器皿。

c.注意事项：用重铬酸钾洗液洗涤的比色管不宜用于铬离子的测定。变成黑绿色时表明已经失效，不宜再用。

②碱性高锰酸钾

a.配制方法：将 4g 高锰酸钾溶于少量水中，然后加入 10% 氢氧化钠至 100 mL。或将 4g 高锰酸钾溶于 80 mL 水中，再加 50% 氢氧化钠至 100 mL。

b.适用范围：碱性高锰酸钾洗液，常用于洗刷被油或有机物沾污的玻璃仪器。

c.注意事项：玻璃器皿上沾有褐色氧化锰时，可用盐酸或草酸洗液去除。碱性高锰酸钾洗液不应在所洗的器皿中长期存留。

③**盐酸－酒精（1∶2）洗涤液**：适用于洗涤被有机试剂染色的比色皿。

④ **1∶1～1∶9 $HNO_3$ 洗涤液**：做痕量金属分析的玻璃仪器，使用 1∶1 $HNO_3$ 洗涤液洗涤，或用 1∶9 $HNO_3$ 溶液浸泡 8 小时以上，然后进行常见法洗涤。

⑤**有机溶剂**：常用的有机溶剂有汽油、甲苯、二甲苯、丙酮、酒精等。适用于洗涤沾有较多油脂性污物的玻璃仪器，尤其是难以使用毛刷洗刷的小件和形状复杂的玻璃器皿。

**（2）例行洗涤法**

经自来水冲去灰尘后用毛刷蘸取肥皂液（洗涤剂或去污粉等）仔细刷净内外表面，尤其应注意容器磨砂部分。然后，边用水冲边刷洗至看不出有肥皂液时，用自来水冲洗 3～5 次，再用蒸馏水充分冲洗 3 次。注意：

①少量多次的原则用水冲洗，充分振荡后倾倒干净。

②所有的量器不应直接刷洗。

③所有的量器不能烘干。

**（3）洗涤标准**

①洗涤时观察：洗涤后的玻璃器材附着在内壁上的水不是个别水珠，而是一层极薄的水膜。

②干燥后观察：对着光亮处察看玻璃器材，非常透明，内壁上不应出现

大片发白现象或白点，也无微小污点和粉末。

③抽样检查：进行精密的科学实验，要对洗净干燥的玻璃器材抽样检查，呈中性反应的才符合要求。

## 3. 化学试剂

### （1）试剂的质量规格（见表2-2）

表2-2 试剂的质量规格

| 纯度 | 等级 | 符号 | 瓶签颜色 | 适用范围 |
| --- | --- | --- | --- | --- |
| 优级纯 | 一级 | G.R | 绿色 | 精密分析研究 |
| 分析纯 | 二级 | A.R | 红色 | 精密定性、定量分析 |
| 化学纯 | 三级 | C.P | 蓝色 | 一般分析和教学 |
| 实验试剂 | 四级 | L.R | 黄色 | 一般化学制备 |

### （2）化学试剂的取用

为了达到准确的实验结果，取用试剂时应遵守以下规则，以保证试剂不受污染和不变质：

a.试剂不能与手接触，要用洁净的药勺，量筒或滴管取用试剂。

b.绝对不准用同一种工具同时连续取用多种试剂。

c.试剂取用后一定要将瓶塞盖紧，绝不允许放错瓶盖和滴管，用完后将瓶放回原处。

d.已取出的试剂不能再放回原试剂瓶内。

①固态试剂的取用

固态试剂一般都用药匙取用。药匙的两端为大小两个匙，分别取用大量固体和少量固体。用后立即洗净，晾干备用。试剂一旦取出，就不能再倒回瓶内，可将多余的试剂放入指定容器。

②液态试剂的取用

液态试剂一般用量筒量取或用移液管、滴管吸取。

a.量杯和量筒是一种精度要求不太高的量取液体体积的度量仪器。一般容量有5、10、25、50、100、250、500、1 000 mL等，可根据需要选用，切勿用大容量的量杯和量筒量取小体积试剂，这样会使精度下降。量取液体时，应让量筒放平稳，且停留15 s以上待液面平静后，使视线与量筒（杯）

内液体的弯月面最低处保持水平,偏高或偏低都会因读数不准而造成较大的误差(见图2-1)。一般来讲,量筒比量杯精度高一些。

图2-1 量筒的读数

b. 移液管和吸量管

移液管和吸量管都是一种准确量取一定体积液体的精密度量仪器。移液管是定容量的大肚管,只有一条刻度线,无分度刻度线,所以到了刻度线即为规定温度下的规定体积;一般容量有1、2、5、10、20、25、50、100 mL等规格。

吸量管是一种直线型的带分度刻度的移液管,管上标量为最大容量。一般有0.1、0.2、0.5、1、2、5、10 mL等规格。例如5 mL吸量管,最大容量为5.00 mL,其分刻度为5.00、4.50、4.00……0;因此,它可移取0～5 mL内任意体积的液体,精度比量筒高。

移液管和吸量管的使用方法(见图2-2):

首先用洗耳球吸取1/4移液管容量的硫酸——重铬酸钾洗液,然后用手按住,将移液管处于水平,两手托住转动让洗液润湿全部管壁,从上口倒出洗液。再用自来水洗去残存洗液,用蒸馏水洗数次后,最后用被移取的液体洗三次,每次用量约为移液管的1/4容积。

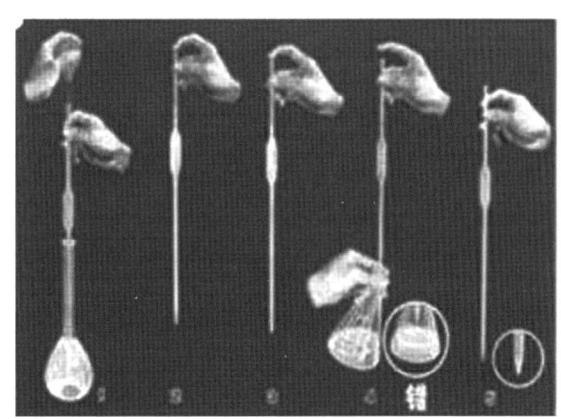

图2-2 移液管的操作

移液操作：将移液管尖端插入被移取的溶液内，右（或左）手的拇指及中指拿住管颈标线以上的地方，左（或右）手拿洗耳球，洗耳球的尖端插入管颈口，并使其密封，慢慢地让洗耳球自然恢复原状，直至液体上升到管颈标线以上，迅速移去洗耳球，立即以右手（或左手）食指按住管颈口，左（或右）手拿盛放被移取溶液的器皿（烧杯、容量瓶之类），使移液管垂直提高到管颈标线与视线成水平，左手拿的器皿口接在移液管尖嘴下，右（或左）手食指放松或用拇指及中指轻轻转动移液管，使液面缓慢又平稳地下降，直至液面的弯月面与标线相切，立即按紧食指，不让液体流下；将移液管尖端的液滴靠管壁去掉。

如果实验要求更高的精度，还需要对移液管进行校正。

c. 容量瓶

容量瓶是一种为配制准确浓度溶液的液体度量仪器，他在一定温度时刻度线内容积为规定体积：一般容量为 10、25、50、100、200、250、500、1 000、2 000 mL 等规格。

容量瓶分磨口塞和塑料塞两种，使用方法如下：

◎ 检查瓶塞是否漏水：在瓶中加部分水，塞紧塞子，左手拿瓶，右手顶住塞子，将瓶倒立，观察瓶塞是否有漏水或渗水现象。若不漏也不渗，则将瓶塞旋转 180° 再塞紧，重复上述操作，如不漏也不渗，则此瓶可用。

◎ 洗涤：用硫酸—重铬酸钾洗液、自来水、蒸馏水将容量瓶及塞子洗净。

◎ 配溶液操作

用固体物质配制溶液：将称好的固体放在烧杯中，倒入部分水溶解，溶完后，转移到容量瓶中，再用少量蒸馏水洗涤烧杯 3～5 次，洗涤液合并到容量瓶中，加蒸馏水至 3/4 左右，先摇匀一下，再加水至刻度，塞紧塞子，用一手的食指顶住瓶塞，另一手握住瓶底（小容量瓶只要一只手即可），将瓶横放摇动，倒转摇动数次，使瓶内溶液混合均匀。

液体溶液稀释成另一准确浓度：用移液管移取一定体积溶液至容量瓶中，再加水，以下同 a 操作。

d. 滴定管

滴定管分酸式和碱式两种，除了碱溶液放在碱式滴定管中进行外，其他溶液都在酸式滴定管中进行。

酸式滴定管下端为一玻璃活塞，它的使用方法如下：

涂凡士林操作：将活塞取下，用滤纸擦干，然后擦干活塞槽；在活塞的大头涂上一层很薄的凡士林，在活塞槽的小头涂上一层很薄的凡士林，将活塞紧塞在活塞槽中，转动活塞，使活塞与塞槽接触处呈透明状态且活塞转动灵活为止。若接触处有不透明的拉丝，需要重新进行涂抹。套上橡皮圈，保护活塞不滑出塞槽。

检查是否漏水：往滴定管中加水至零刻度附近，垂直架在滴定台上，观察滴定管口是否滴水，活塞与塞槽间隙处是否漏水？若不漏，则将活塞旋转180°后再行检查，仍然不漏水即可进行下步操作，若漏水需重新涂凡士林后再检查。

洗涤方法：倒入硫酸—重铬酸钾洗液约1/4容积，慢慢倾斜旋转滴定管，使管壁全部沾上洗液，然后打开活塞让洗液充满下端，再关闭活塞，将洗液从管口倒回贮存瓶，打开活塞，让洗液全部倒回贮存瓶中。用自来水洗去残存洗液，用蒸馏水洗3～4次，洗去$Ca_2^+$、$Mg_2^+$、$Cl^-$等离子，最后用滴定液洗3次，即可装滴定液。

装溶液及赶气泡：将溶液加到零刻度以上，将活塞开到最大，放出一些溶液，依靠重力使溶液充满活塞下端，赶去气泡，关上活塞。检查下端是否还是有气泡？若还有气泡，可重新打开活塞，将滴定管由上向下加一下速度，即可赶去气泡，关上活塞。

读数操作：滴定管是一种精密的液体度量仪器，因此，读数是一个非常重要的操作。滴定管应垂直架于滴定台上，读数时，视线应与液体弯月面下部实线的最低点保持在同一水平面上，偏高或偏低都会带来误差。若滴定台太高，可将滴定管取下，用左（或右）手的拇指和食指轻轻握住滴定管上部，让滴定管依靠重力自然成垂直状态，移至弯月面下部实线最低点与视线在同一水平面上读数。50 mL、25 mL滴定管可读至小数点后二位。为了便于读数，可制作"读数卡"。在一张白卡中贴一张3 cm×1.5 cm的黑纸（或用黑墨水涂黑）即成读数卡。读数时，手持读数卡放在滴定管背后，使黑色部分在弯月面下1 mm左右，则弯月面反射成黑色，读此弯月面的最低点。像高锰酸钾这样的深色溶液，则读取液面的最高点。目前还有一种蓝线滴定管，即滴定管内有一整条白色不透明玻璃，中间有一条蓝线，则液体有两个弯月面相交于滴定管蓝线的某一点。读数时，视线应与此点处于同一水平面上。如为有色溶液，应使视线与液面两侧的最高点相切。

滴定操作：滴定时，最好每次都从 0.00 mL 开始，或接近于 0.00 mL 的某一刻度开始，这样可减少滴定管刻度不均匀带来的误差。滴定管最好放在锥形瓶中进行，必要时可在烧杯内进行。滴定管垂直地夹在滴定管夹上，下端伸入到锥形瓶口约 1 cm 左右，左手控制滴定管活塞，大拇指在前，食指和中指在后，手指略微弯曲，手心空握，轻轻向内扣住启开活塞，以免活塞松动，甚至于顶出活塞。右手握持锥形瓶，边滴边摇动，且向一方向作圆周旋转，不能前后或上下振动，这样易溅出溶液。开始滴定速度可快些，一般控制在每分钟 10 mL 左右，每秒约 3～4 滴，即一滴接着一滴，或成滴不成线。临近滴定终点时，应一滴或半滴地加入，即加入一滴或半滴后用洗瓶吹入少量水洗锥形瓶壁，摇匀，再加入一滴或半滴，摇匀，直至指示剂变色而不再变化为止，即可认为终点到达。

碱式滴定管下端接一橡皮管，内装一玻璃圆球，连一尖嘴小玻璃管，代替玻璃活塞。使用方法除以下几点不同外，其他均同酸式滴定管。

洗涤方法：由于橡皮会被氧化剂腐蚀，所以用洗液洗时，将滴定管上口倒置于盛有洗液的烧杯中，将尖嘴口接在抽水泵上。打开抽水泵，轻捏玻璃球，待洗液徐徐上升到接近橡皮管处放开玻璃球，待洗液浸泡一段时间后，脱离抽水泵，拔去橡皮管，让洗液流尽，然后用自来水冲洗，再用蒸馏水洗数次，装上橡皮管和洗净的玻璃球及尖嘴玻璃管，再用滴定液洗 3 次。

装液和赶气泡：装入滴定液至零刻度以上，将橡皮管向上弯曲，轻轻捏玻璃球，使液体慢慢上升到连通器而赶走气泡，充满橡皮管和尖嘴玻璃管。

捏滴定管的姿势：左手拇指在前，食指在后，捏橡皮管中部玻璃球所在部位稍上一些的地方，向右捏挤橡皮管，使橡皮管与玻璃球之间形成一条缝隙，溶液即可流出。但注意不能捏挤玻璃球下放的玻璃管，否则空气进入，易形成气泡。

**（3）试剂的配制**

一般试剂配制步骤

①计算：计算所需药品质量和体积。

②称量或量取：固体试剂用托盘天平或电子天平称量，液体试剂用量筒。

③溶解：应在烧杯中溶解，待冷却后转入容量瓶中。

④转移：由于容量瓶的颈较细，为了避免液体洒在外面，用玻璃棒引流。

⑤洗涤：用少量蒸馏水洗涤2到3次，洗涤液全部转入到容量瓶中。

⑥定容：向容量瓶中加入蒸馏水，在距离刻度2到3 cm时，改用胶头滴管加之刻度线。

**（4）试剂标签**

| 品名： | | | | 浓度： | | | |
|---|---|---|---|---|---|---|---|
| 配制批号： | | | | 用途： | | | |
| 配制人： | | | | 溶剂： | | | |
| 配置日期： | 年 | 月 | 日 | 有效期至： | 年 | 月 | 日 |

**（5）常用辅助设备**

①振荡仪：磁力震荡加热器

②加热设备：磁力震荡加热器、马弗炉、高价灭菌锅、水浴锅、加热消解炉。

③浓缩设备：离心机、生化培养箱。

④使用注意事项：

a.对仪器的原理、结构、操作流程及注意事项有了充分的了解后再进行使用。

b.保持清洁，勤于维护。

c.注意安全。

**（6）数字修约**：参照国标《数值修约规则与极限数值的表示和判定》（GB/T8170—2008）。

①取舍口诀：四舍六入，五看后，五后不为零则进1，五后为零奇数进偶数不进。

例：保留小数点后三位数 1.44444≈1.444  1.44464≈1.445  1.44451≈1.445  1.44450≈1.444  1.44350≈1.444

②保留位数的确定：标准方法规定。检出限的最小位3位有效数字科学计数法。

## 4.2% 碘液的配制

**（1）药品与仪器**

碘化钾、碘、分析天平、称量纸、50 mL烧杯、玻璃棒、100 mL棕色溶量瓶、

100 mL 定容瓶、胶头滴管。

（2）配制步骤

①计算：质量分数 2%= 碘的质量 / 总质量，所以配制 2% 的碘液需要碘的质量 =0.02×100=2 g。碘化钾的量要足量以保证所配试剂中碘的含量。

②称量：分析天平分别称取碘化钾 8 g、碘 2 g。

③溶解：将碘化钾与碘放入 50 mL 烧杯中，加入少量水，使其充分溶解。

④移液：将烧杯内的溶液移至定容瓶（使用玻璃棒引流）。

⑤洗涤：将烧杯进行涮洗，将涮洗液引流至定容瓶，至少洗涤 3 次。

⑥定容：洗涤结束后将水加至定容瓶刻度线。当液面距定容刻度线 1 到 2 厘米处，改用滴管滴加溶剂，使凹液面最低端与刻度线相切。当混匀液体后，会发现液面低于刻度线，这时绝对不可补加溶剂。

⑦加贴标签。

⑧保存：移至棕色容量瓶进行密封保存。有轻微刺激性气味，因为遇强光会分解，所以应在深棕色瓶里密封保存。

（3）注意事项

①鉴别淀粉为什么用碘 – 碘化钾而不是碘溶液呢？

碘 – 碘化钾溶液，$I^- + I_2 = I_3^-$ 碘 – 碘化钾中的含 $I_2$ 远大于碘溶液中的碘，碘的溶解度在水中不大，溶液含碘量很少，加上水的稀释，蓝色会不明显。

②配制碘液为什么要加碘化钾？

碘在水中溶解度不大，加入碘化钾，有可逆反应：$I^- + I_2 = I_3^-$（$I_2+KI \rightleftharpoons KI_3$）使碘的溶解度增大，得到较浓的碘水。

## 5. 原料奶掺假检测试剂的配制

### （1）2% 双氧水的配制

①药品与仪器

10 mL 移液管、30% 的双氧水、100 mL 定容瓶。

②配制步骤

a. 计算：计算根据 $C_1V_1=C_2V_2$ 公式计算得 30% 双氧水体积 $V_2=C_1V_1/C_2=2\%×100$ mL$/30\%=6.67$ mL。

b. 量取：用移液管量取 30% 的双氧水 6.67 mL，移液至 100 mL 的定容瓶。

c. 溶解：容量瓶中倒入少量水，使双氧水试剂与水混合，用量取双氧水的移液管取少量水使移液管内的双氧水试剂涮洗至容量瓶，至少涮洗 3 遍。

d. 定容：将双氧水试剂在定容瓶充分溶解后，直接向容量瓶中加入水，当液面距定容刻度线 1～2 cm 处，改用胶头滴管滴加溶剂，使凹液面最低端与刻度线相切。当混匀液体后，会发现液面低于刻度线，这时绝对不可补加溶剂。

e. 加贴标签。

f. 保存：保持容器密封；置于阴凉通风处；远离火种、热源；保存温度不宜超过 30℃。

③注意事项：

a. 操作方面

药品的量取：可用 10 mL 移液管量取 6.7 mL；或可用 10 mL 移液管取 6 mL，再用 1 mL 移液管量取 0.7 mL。后者比前者的量取更精确些。

试剂的充分溶解：定容时要将移液管内壁的试剂充分涮洗添加，至少涮洗 3 次。

直接向容量瓶中加入溶剂，当液面距定容至刻度线 1～2 cm 处，改用滴管滴加溶剂，使凹液面最低端与刻度线相切。当混匀液体后，会发现液面低于刻度线，这时绝对不可补加溶剂。

b. 安全方面

◎双氧水危险性概述

侵入途径主要有吸入、食入、眼睛/皮肤接触造成对健康的危害。吸入本品蒸气或雾对呼吸道有强烈刺激性；眼睛直接接触液体可致不可逆损伤甚至失明；口服中毒会出现腹痛、胸口痛、呼吸困难、呕吐、一时性运动和感觉障碍、体温升高等。个别病例出现视力障碍、癫痫样痉挛、轻瘫。长期接触本品可致接触性皮炎。

燃爆危险：本品易助燃，具强刺激性。

◎双氧水急救措施

皮肤接触：脱去污染的衣着，用大量流动清水冲洗。

眼睛接触：立即提起眼睑，用大量流动清水或生理盐水彻底冲洗至少 15 分钟，并就医。

吸入：迅速脱离现场至空气新鲜处。保持呼吸道通畅，如呼吸困难，给输氧；如呼吸停止，立即进行人工呼吸。并就医。

食入：饮足量温水，催吐。并就医。

**（2）硝酸汞的配制**

①药品与仪器

定容瓶；250 mL 棕色容量瓶；胶头滴管；100 mL 烧杯；玻璃棒。

②配制步骤

a. 计算：质量分数为 5% 的硝酸汞溶液需要分析纯硝酸汞的质量 =250 mL × 0.05=12.5 g

b. 量取：分析天平称取硝酸汞 12.5 g，移液管量取浓硝酸 4 mL（注意防护）。

c. 溶解：将 12.5 g 硝酸汞、4 mL 浓硝酸置于烧杯中加入少量水使其溶解，可进行加热助溶，边加热边搅拌。

d. 移液：烧杯内的溶液用玻璃棒引流至定容瓶内。

e. 洗涤：将烧杯用水涮洗，保证硝酸汞无损失，至少刷洗 3 次。将涮洗液移至定容瓶。

f. 定容：将水加至定容瓶刻度线。当液面距定容刻度线 1～2 cm 处时，改用滴管滴加溶剂，使凹液面最低端与刻度线相切。当混匀液体后，会发现液面低于刻度线，这时绝对不可补加溶剂。

g. 加贴标签。

h. 保存：硝酸汞见光易分解，应放在棕色瓶内置于冷暗处，避光保存。

③注意事项

a. 配制硝酸汞时为什么要加浓硝酸？

硝酸汞在纯水里水解比较剧烈，这样可能溶液就会变得浑浊，生成汞的氢氧化物沉淀。在硝酸里溶解，由于氢离子存在下会抑制汞离子过度水解，这样溶液可以保持澄清。

b. 硝酸汞的危险性

硝酸汞有剧毒，汞离子可使含巯基的酶丧失活性，失去功能；汞中毒有头痛、头晕、乏力、失眠、多梦、口腔炎、发热等全身症状。可有食欲不振、恶心、腹痛、腹泻等。部分患者皮肤出现红色斑丘疹。严重者可发生间质性肺炎及肾损害。口服后可发生急性腐蚀性胃肠炎，严重者昏迷、休克，甚至发生坏死性肾病致急性肾功能衰竭。对眼有刺激性；可致皮炎。慢性中毒可出现神经衰弱综合征、易兴奋症以及精神情绪障碍，如胆怯、害羞、易怒、爱哭等；还可能出现汞毒性震颤、口腔炎；少数病例有肝、肾损害。

所以硝酸汞在使用及保存时，要特别注意个人安全防护。

**（3）饱和苦味酸的配制**

①药品与仪器

苦味酸（2，4，6-三硝基苯酚）；100 mL 烧杯；100 mL 容量瓶。

②配制步骤

a. 计算：溶解度达到饱和即可。

◎溶解度：符号 S，在一定温度下，某固态物质在 100 g 溶剂中达到饱和状态时所溶解的溶质的质量，叫做这种物质在这种溶剂中的溶解度。物质的溶解度属于物理性质。

◎饱和溶液：在一定温度下，向一定量溶剂里加入某种溶质，当溶质不能继续溶解时，所得的溶液叫做这种溶质在这一条件下的饱和溶液。

b. 量取：称取 3 g 苦味酸，可精确到两位有效数字。

c. 溶解：将苦味酸溶解到 100 mL 的烧杯中，加适量水，充分搅拌后放置过夜，以保证有充足的时间使其充分溶解。或可适当加热助溶。

d. 移液：静止后的溶液分上下两层，上部分是饱和溶液，下部分是苦味酸粉。吸取上部分溶液即为饱和苦味酸溶液。

e. 加贴标签。

f. 保存：避光阴凉处密封保存。

③注意事项

2，4，6-三硝基苯酚是炸药的一种，缩写 TNP、PA，纯净物室温下为略带黄色的结晶。它是苯酚的三硝基取代物，受硝基吸电子效应的影响而有很强的酸性，名字由希腊语"苦味"得来，因其具有强烈的苦味。其难溶于四氯化碳，微溶于二硫化碳，溶于热水、乙醇、乙醚，易溶于丙酮、苯等有机溶剂。

饱和苦味酸具有危险性，在使用时需小心，避免接触到眼睛等。

**（4）硝酸银的配制**

①药品与仪器

硝酸银（分析纯）；电子天平；500 mL 烧杯；500 mL 试剂瓶。

②配制步骤

a. 量取：配制 500 mL 硝酸银溶液，需要分析纯硝酸银 4.8 g。称取 4.8 g 硝酸银。

b. 溶解：将 4.8 g 硝酸银溶解到 400 mL 水中。

c. 移液：将充分溶解的溶液移至棕色容量瓶。

d. 标签：盖上塞子，贴上标签。

e. 保存：置于棕色试剂瓶密封避光保存。

**（5）10% 铬酸钾的配制**

①药品与仪器

铬酸钾（分析纯）；100 mL 烧杯；100 mL 棕色容量瓶；100 mL 定容瓶；移液管；胶头滴管；分析天平。

②配制步骤

a. 计算：配制 100 mL 质量分数为 10% 的铬酸钾溶液中分析纯铬酸钾的质量 =10%×100=10 g。

b. 量取：称取 10 g 铬酸钾，可保留两位有效数字。

c. 溶解：10 g 铬酸钾溶于少量蒸馏水的烧杯中，加入少量硝酸银溶液使之出现微红，摇匀后放置 12 h 后，过滤并移入 100 mL 定容瓶中。

d. 移液：向定容瓶中移液时需用玻璃棒进行引流。

e. 洗涤：将烧杯用干净的水涮洗，使铬酸钾无损失的移至定容瓶。

f. 定容：将水加至定容瓶刻度线。当液面距定容刻度线 1～2 cm 处时，改用滴管滴加溶剂，使凹液面最低端与刻度线相切。当混匀液体后，会发现液面低于刻度线，这时绝对不可补加溶剂。

g. 加贴标签。

h. 保存：密封阴凉处保存。

**（6）亚硝酸盐试剂的配制**

①药品与仪器

对—氨基苯磺酸；甲—萘胺；甲—萘酚：50% 的冰醋酸。

电子天平；称量纸；500 mL 烧杯；500 mL 试剂瓶；500 mL 定容瓶；胶头滴管；玻璃棒。

②配制步骤

a. 量取：称取对—氨基苯磺酸 0.6 g、甲—萘胺 0.2 g、甲—萘酚 0.1 g。

b. 溶解：称取对—氨基苯磺酸 0.6 g、甲—萘胺 0.2 g、甲—萘酚 0.1 g 溶于 400 mL 烧杯中，加入适量 50% 的醋酸溶液。使其充分溶解。

c. 移液：从烧杯向定容瓶移液时用玻璃棒进行引流。

d. 洗涤：充分溶解后将溶液移至定容瓶，将烧杯涮洗至少 3 次，使药品无损失定容。

e. 定容：将 50% 冰醋酸加至定容瓶刻度线。当液面距定容刻度线 1～2 cm 处时，改用滴管滴加溶剂，使凹液面最低端与刻度线相切。当混匀液体后，会发现液面低于刻度线，这时绝对不可补加溶剂。

f. 加贴标签。

g. 保存：密封避光保存于棕色试剂瓶内。

（3）注意事项

若冰醋酸为无水乙酸，可自行稀释，即 200 mL 无水乙酸加入 200 mL 水。

**（7）0.05% 玫瑰红酸指示剂的配制**

①药品与仪器

玫瑰红酸；95% 乙醇；分析天平；100 mL 烧杯；100 mL 定容瓶；100 mL 试剂瓶；胶头滴管、量筒。

②配制步骤

a. 计算：配制质量分数为 0.05% 的玫瑰红酸溶液 100 mL，需要分析纯玫瑰红酸的质量 =0.05%×100 mL=0.05 g。

b. 量取：用分析天平准确称取 0.05 g 玫瑰红酸（增加配制量可间接增加玫瑰红酸的用量，尽量减小称量误差）；量取 80 mL 95% 的乙醇溶液。

c. 溶解：将 0.05 g 玫瑰红酸溶解到 80 mL 95% 的乙醇溶液中，进行搅拌。此操作需要适当遮盖烧杯口，以防乙醇挥发。

d. 移液：待玫瑰红酸充分溶解后将溶液引流移至定容瓶。

e. 洗涤：将烧杯用 95% 乙醇至少涮洗 3 次，将洗涤液移至定容瓶。

f. 定容：将 95% 乙醇加至定容瓶刻度线。当液面距定容刻度线 1～2 cm 处，改用滴管滴加溶剂,使凹液面最低端与刻度线相切。当混匀液体后,会发现液面低于刻度线,这时绝对不可补加溶剂。

g. 加贴标签。

h. 保存:密封避光至于冰箱内冷藏。防止乙醇挥发。

③注意事项

玫瑰红酸的pH变色范围为6.9～8.0,遇到加碱的乳,其颜色由褐黄色变为玫瑰红色,故可借此检出加碱乳和患乳房炎乳。

因玫瑰红酸溶液中溶剂乙醇极易挥发,为了保证检测的准确性,试剂现配现用,少量多配。

**（8）乳房炎试剂的配制**

①药品与仪器

a. 药品:无水氯化钙（$GaCl_2$）;碳酸钠（无水碳酸钠或$NaCO_3 \cdot 10H_2O$）;氢氧化钠;溴甲酚紫。

15%的氢氧化钠:15 g 氢氧化钠溶解到85 g 水中。

0.04%溴甲酚紫:0.04 g 溴甲酚紫,0.01 mol/L NaOH 7.4 mL,蒸馏水92.6 mL。

b. 仪器:500 mL 烧杯、250 mL 烧杯2个;100 mL 烧杯多个;过滤器、过滤纸;电磁炉、石棉网;移液管。

②配制步骤

a. 量取:称取40 g 无水氯化钙;22.2 g 无水碳酸钠或60 g $NaCO_3 \cdot 10H_2O$。

b. 溶解:

◎ 40 g 无水 GaCl2 溶解于300 mL 水中,加热助溶并搅拌,充分溶解后过滤,滤液留用。22.2 g 无水碳酸钠溶解于100 mL 水中,加热助溶并搅拌,充分溶解后过滤,滤液留用。

◎将上述两种滤液全部混合,将混合液进行搅拌并加热,充分混合后进行过滤,并量取滤液体积。

◎在上步滤液中加入等体积的15%的氢氧化钠溶液,继续加热搅拌,并过滤。滤液留用。

◎在上步滤液中加入0.04%的溴甲酚紫。

c. 移液:将上述最后一步的溶液转移至棕色试剂瓶。

d. 标签：盖上塞子，贴上标签。

e. 保存：棕色试剂瓶内密封避光保存。

③注意事项

加入溴甲酚紫于试液内，有助于结果的观察。

**（9）碘化钾—淀粉试剂的配制**

**（1）药品与仪器**

可溶性淀粉；碘化钾；电子天平；烧杯；量筒；250 mL 烧杯；100 mL 棕色试剂瓶。

②配制步骤

a. 量取：称取 3 g 可溶性淀粉；3 g 碘化钾。

b. 溶解：用量筒量取 100 mL 水，取数滴水将淀粉调成糊状，将剩余的水在电炉上加热至微沸时，倒入糊状淀粉，使之充分溶解后冷却至室温。再加入 3 g 碘化钾，搅拌均匀使其溶解。

c. 移液：将溶液引流至试剂瓶中进行保存。

d. 加贴标签。

e. 保存：棕色试剂瓶中避光保存。

## 6. 常用检测试剂的配制

**（1）酒精配制**

①药品与仪器

95% 乙醇；酒精计（含温度计）；100 mL 量筒；500 mL 量筒。

②配制步骤

a. 计算：配制 300 mL75% 的酒精需要 95% 的乙醇的体积 =75%×300 mL/95%=236 mL。则需要水的体积 =300–236=64 mL。

b. 量取：量取 236 mL95% 的乙醇，64 mL。

c. 溶解：在 500 mL 量筒内倒入 236 mL 乙醇，倒入 64 mL 水，封住量筒口，进行摇晃，使乙醇与水充分混合。此时配制的酒精溶液浓度不够精确。

d. 标准：使用酒精计进行修订，使得所配溶液浓度准确达到 75%（酒精计的使用方法参照酒精计使用说明书）。

e. 标签：盖上塞子，贴上标签。

f. 保存：密封避光保存，避免阳光直射。

③注意事项

由于酒精极易挥发，在进行"标准"步骤操作时注意防护，避免过多的酒精挥发。

现配现用，少量多配。

**（2）92%硫酸配制**

①药品与仪器

浓硫酸；500 mL烧杯；500 mL试剂瓶

②配制步骤

a. 计算：浓硫酸的密度为1.84 g/mL，浓度为98%。

设用$x$体积的浓硫酸，$y$体积的水来配制92%的硫酸溶液，则有：

$$98\% \times 1.84x = 92\% (1.84x + y)$$

解得$x : y = 1 : 0.12$

即用1体积的浓硫酸和0.12体积的水就能配92%的硫酸溶液。

b. 量取：配制100 mL 92%硫酸，量取浓硫酸83.28 mL，水16.72 mL。

c. 溶解：一定要先将水加入烧杯中，再把浓硫酸沿着烧杯壁缓慢地加入，并用玻璃棒不停地搅拌，防止浓硫酸溶解时放热使酸液溅出伤人。操作时可以将溶解烧杯放置在冷水浴中以缓冲溶解时放热（配制时注意个人防护）。

d. 移液：将烧杯内溶解好的溶液放置冷却至室温后，转移到试剂瓶中，转移时用玻璃棒引流，并注意防护。防止硫酸外流。

e. 标签：盖上塞子，贴上标签。

f. 保存：常用时谨慎保存，避免打翻。不常用时专柜上锁保存。

③注意事项

a. 溶解时一定是硫酸加到水中。

b. 溶解时使用冷水浴，以防止浓硫酸溶解时放热使酸液溅出伤人。

c. 烧杯等容器使用后先用大量清水冲洗后，再做清洗。

d. 试剂瓶贴标签前先用干净抹布将试剂瓶表面进行擦洗，以避免试剂瓶外壁有残留硫酸伤人。

急救措施

a. 皮肤接触：立即脱去污染的衣着，用大量流动清水冲洗至少15 min。

就医。

b.眼睛接触：立即提起眼睑，用大量流动清水或生理盐水彻底冲洗至少15 min。就医。

c.吸入：迅速脱离现场至空气新鲜处，保持呼吸道通畅。如呼吸困难，进行输氧；如呼吸停止，立即进行人工呼吸。就医。

d.食入：用水漱口，饮用牛奶或蛋清。就医。

e.泄漏应急处理：迅速撤离泄漏污染区人员至安全区，并进行隔离，严格限制人员出入。

f.建议应急处理人员戴防护面罩，穿防酸碱工作服。不要直接接触泄漏物。尽可能切断泄漏源。防止流入下水道、排洪沟等限制性空间。小量泄漏时，用砂土、干燥石灰或苏打灰混合；也可以用大量水冲洗，冲洗水稀释后放入废水系统。大量泄漏时，围堤收容，用泵转移至槽车或专用收集器内，回收或运至废物处理场所处置。

g.操作注意事项：

◎密闭操作，注意通风。操作人员必须经过专门培训，严格遵守操作规程。

◎建议操作人员佩戴防护面罩，穿橡胶耐酸碱服，戴橡胶耐酸碱手套。

◎远离火种、热源，工作场所严禁吸烟。远离易燃、可燃物。

◎防止蒸气泄漏到工作场所空气中。

◎避免与还原剂、碱类、碱金属接触。

◎稀释或制备溶液时，应把酸加入水中，避免沸腾和飞溅。

h.其他防护：工作现场禁止吸烟、进食和饮水。工作完毕，淋浴更衣。单独存放被污染的衣服，洗后备用。保持良好的卫生习惯。

**（3）酚酞的配制**

①药品与仪器

酚酞；乙醇；100 mL 烧杯；100 mL 定容瓶；100 mL 试剂瓶；玻璃棒。

②配制步骤

a.计算：配制 100 mL 质量分数为 0.5% 的酚酞指示剂，需要酚酞的质量 =0.05×100 =0.5 g。

b.量取：称取 0.5 g 酚酞，100 mL 乙醇溶液。

c.溶解：将 0.5 g 酚酞溶解到 100 mL 乙醇溶液中，搅拌助溶，注意乙醇的挥发，在溶解过程中要适当封口。

d. 移液：将充分溶解的酚酞指示剂转移至试剂瓶中。

e. 标签：盖上塞子，贴上标签。

f. 保存：密封避光保存。

③注意事项

变色范围pH8.2～10.0。

GB/T 603—2002规定配制酚酞指示剂用乙醇溶解，无需用水。GB 5009.239—2016中配制酚酞用75 mL乙醇、20 mL水。

**（4）铬黑T的配制**

①药品与仪器

铬黑T；氯化羟胺；95%乙醇；100 mL烧杯；100 mL容量瓶，100 mL量筒。

②配制步骤

a. 计算：一般铬黑T指示液浓度为5 g/L，配制100 mL溶液需要0.5 g铬黑T。

b. 量取：称量0.5 g铬黑T，2 g氯化羟胺，量取100 mL 95%乙醇。

c. 溶解：将0.5 g铬黑T，2 g氯化氢胺溶解到100 mL 95%的乙醇溶剂中，在溶解过程中注意封口防止乙醇的挥发。

d. 移液：待充分溶解后转移至容量瓶中。

e. 标签：盖上塞子，贴好标签。

f. 保存：密封避光保存。现配现用。

③注意事项

为什么配制铬黑T指示剂时要加入氯化羟胺？

因为铬黑T有较强的还原性，盐酸羟胺等是还原剂，加了可以在较长时间起到保护铬黑T的作用。铬黑T分子双键太多，很容易被氧化，要加盐酸羟胺这种还原性物质。同时，铬黑T也容易聚合而变质，加三乙醇胺，就是为防止铬黑T分子间聚合的。综上，配置铬黑T指示剂时，加入盐酸羟胺的目的是为了保护双键不被氧化。

**（5）pH=10缓冲溶液的配制**

pH缓冲溶液包括两大类：标准缓冲溶液、普通缓冲溶液。标准缓冲溶液性质稳定，有一定的缓冲容量和抗稀释能力，常用于校正pH计。普通缓冲溶液主要用于化学分析和仪器分析中要控制一定pH的测定过程。

①药品与仪器

氯化铵（分析纯）；氨水；1 000 mL烧杯；1 000 mL溶剂瓶；玻璃棒。

②配制步骤

a.计算：

◎ pH计算公式：pH=PK1+lg($C_1/C_2$)

K1是$NH_4^+$（酸）的离解常数，$C_1$是其浓度，$C_2$是$NH_3$的浓度；

PK1常温下是固定的常数，把pH和PK1代入：

10=9.25+lg($C_1/C_2$)，可以得到$NH_4Cl$–$NH_3$的浓度比 ($C_1$ : $C_2$=0.1778) 按照需要计算各组分的量。

◎ $NH_4Cl$为强电解质，抑制了氨水电离，所以可以忽略弱电解质氨水的电离，又因氨水浓度较大，故可忽略$NH_4Cl$水解（这就是缓冲溶液的特点），所以

$$C(NH_3 \cdot H_2O) : C(NH_4Cl) = 5.6 : 1$$

◎配制1 000 mL溶液需要16 mol/L的$NH_3 \cdot H_2O$的用量=5.6 mol/L×1 000 mL/16 mol/L=350 mL；

配制1 000 mL溶液需要$NH_4Cl$的质量=1 mol/L×53.5×1 000 mL=53.5 g。

◎氯化铵是分析纯，所以配制溶液时称取氯化铵的质量为53.5 g。

氨水的摩尔浓度为16 mol/L，则需要量取氨水350 mL。

b.量取：称取53.5 g氯化铵，350 mL氨水。

c.溶解：将53.5 g氯化铵与350 mL氨水溶解到一定量的水中。溶解时注意防止氨水的挥发。

d.移液：将溶解后的溶液移至定容瓶，转移时用玻璃棒进行引流。

e.洗涤：将烧杯用水进行涮洗至少3次，将洗涤液移至定容瓶。

f.定容：将水加至定容瓶刻度线。当液面距定容刻度线1～2 cm处，改用滴管滴加溶剂，使凹液面最低端与刻度线相切。当混匀液体后，会发现液面低于刻度线，这时绝对不可补加溶剂。

g.标签：盖上塞子，贴上标签。

h.保存：此溶液见光易分解，故密封避光保存。

③注意事项

a.真正在操作中，可以先取一定量的氨水，用pH计测量其pH，再滴加

盐酸，边加边摇（或搅），直到 pH 达到 10 为止，称量法只是理论方法，因为无法保证氨水不吸收二氧化碳变质。

b. 检测水的硬度时为什么要加入 pH=10 的缓冲溶液？

在缓冲溶液中加入少量的酸、碱，溶液的 pH 几乎不发生变化。使用缓冲溶液是为了维持溶液的 pH 在一定的范围内，不使其发生很大的变化。测定水硬度时，需要用氨性缓冲溶液调节 pH。

钙镁与 EDTA 反应的 pH 不能太小，原因是 EDTA 有酸效应，酸度大时，形成的金属配合物不稳定，不能准确滴定。计算表明，pH ≥ 10。所以需要控制酸度；二是 EDTA 在反应时不断释放出 $H^+$，会使溶液酸度不断升高，同上解释；所以需要缓冲溶液控制。三是指示剂需要在一定酸度下使用。范围在：11.6 ≥ pH ≥ 6。上述三个理由说明必须加入缓冲溶液，目的是控制 pH=10。

**（6）1 mol/L 的 HCl 的配制**

市售盐酸中 HCl 含量不稳定，且常含有杂质，应采用间接法配制，再用基准物质标定，确定其浓度。

标定盐酸溶液的常用基准物质是硼砂或无水碳酸钠。考虑到下个实验要用本实验制备的盐酸标准溶液测定混合碱（$Na_2CO_3$/NaOH、$Na_2CO_3$/$NaHCO_3$），因此本实验选用无水碳酸钠作为基准物质标定盐酸，以保证标定和测量条件一致，减少实验误差。

无水碳酸钠容易提纯，价格便宜，但具有吸湿性。因此 $Na_2CO_3$ 固体需先在烘箱中于 180℃高温下烘 2～3 h，然后置于干燥器中冷却后备用。$Na_2CO_3$ 与 HCl 的反应如下：

$$Na_2CO_3 + 2HCl = 2NaCl + H_2O + CO_2 \uparrow$$

计量点时溶液的 pH 约为 4，可选用甲基橙作指示剂。滴定终点，溶液由黄色变为橙色。根据 $Na_2CO_3$ 的质量和所消耗的 HCl 的体积，即可计算出准确浓度。

①药品与仪器

浓盐酸，基准碳酸钠；甲基橙；1 000 mL 容量瓶（按所需配制溶液的量确定）；10 mL、50 mL 移液管；50 mL 酸式滴定管；锥形瓶；分析天平；烘箱。

②配制步骤

a. 配制

按表 2-3 的规定量取盐酸，注入 1 000 mL 水中，摇匀。

**表 2-3　氢氧化钠标准滴定溶液的浓度与体积**

| 氢氧化钠标准滴定溶液的浓度 mol/L | 氢氧化钠溶液的体积 V/mL |
| --- | --- |
| 1 | 90 |
| 0.5 | 45 |
| 0.1 | 9 |

b. 标定

按表 2-4 的规定称取于 207～300℃电烘箱中干燥至恒重的无水碳酸钠工作基准试剂，溶于 50 mL 水中，加 10 滴溴甲酚绿–甲基红指示液，用配制好的盐酸溶液滴定至溶液由绿色变为暗红色，煮沸 2 min，冷却后继续滴定至溶液再呈暗红色。

**表 2-4　盐酸标准滴定溶液浓度与无水碳酸钠质量**

| 盐酸标准滴定溶液浓度 mol/L | 无水碳酸钠质量 m/g |
| --- | --- |
| 1 | 1.90 |
| 0.5 | 0.95 |
| 0.1 | 0.20 |

c. 计算

盐酸标准滴定溶液的浓度 c（HCl），按以下式子计算：

$$c(HCl) = \frac{m \times 100}{(V_1 - V_2) M}$$

式中：$m$——无水碳酸钠的质量的准确值，单位为 g；

　　　（$V_1 - V_2$）——滴定消耗盐酸溶液体积的数值，单位为 mL；

　　　$M$——无水盐酸钠的摩尔质量的数值 52.994，单位为 g/mol。

d. 标签：准确标定浓度后，贴上标签，盖上塞子。

e. 保存：置于通风干燥处。

③注意事项

a. 配制试剂的纯度应为分析纯以上，实验用水应符合三级水的规格。

b. 在标准滴定溶液时，滴定速度应保持在 6～8 mL/min。

c. 称量基准物质试剂的质量应精确至 0.01 mg。

d. 制备标准滴定溶液的浓度值应在规定浓度值的 ±5% 范围以内。

e. 标定标准溶液浓度时，需要做 6～8 个平行样，然后取其平均值，结果保留 4 位有效数字。

f. 标准滴定溶液在常温 15～25℃下保存时间一般不超过两个月，当溶液出现浑浊、沉淀、颜色变化等现象时，应重新配制。

g. 储存标准滴定溶液的容器，其材料不应与溶液起理化作用，壁厚最薄处不小于 0.5 mm。

（7）3 mol/L KCl 的配制

①药品与仪器

氯化钾（分析纯）；电子天平；100 mL 烧杯；100 mL 试剂瓶；100 mL 定容瓶；

②配制步骤

a. 计算：根据 $m=M\times n$ 和 $n=c\times v$ 的公式可知，配制 3 mol/L 的氯化钾 100 mL 溶液需要分析纯氯化钾的质量 $m=74.5\times 3$ mol $\times 100$ mL=22.35 g。

b. 量取：称取分析纯氯化钾 22.35 g。

c. 溶解：量取 80 mL 水将称量好的氯化钾进行溶解，氯化钾分三次缓慢加入，可适当加热助溶。

d. 移液：待氯化钾充分溶解后将溶液移至定容瓶。

e. 洗涤：用剩余的 20 mL 将溶解氯化钾的烧杯至少涮洗三遍，将涮洗液一并移至定容瓶。

f. 定容：将水加至定容瓶刻度线。当液面距定容刻度线 1～2 cm 处，改用滴管滴加溶剂，使凹液面最低端与刻度线相切。当混匀液体后，会发现液面低于刻度线，这时绝对不可补加溶剂。

g. 标签：盖上瓶塞，贴上标签。

h. 保存：密封、阴凉处保存。

（8）0.1 mol/L、1 mol/L 氢氧化钠的配制

NaOH 有很强的吸水性和吸收空气中的 $CO_2$ 特性，因而，市售 NaOH 中常含有 $Na_2CO_3$。反应方程式：$2NaOH + CO_2 \rightarrow Na_2CO_3 + H_2O$ 由于碳酸

钠的存在，对指示剂的使用影响较大，应设法除去。

除去 $Na_2CO_3$ 最通常的方法是将 NaOH 先配成饱和溶液（约 52%），由于 $Na_2CO_3$ 在饱和 NaOH 溶液中几乎不溶解，会慢慢沉淀出来，因此，可用饱和氢氧化钠溶液，配制不含 $Na_2CO_3$ 的 NaOH 溶液。待 $Na_2CO_3$ 沉淀后，可吸取一定量的上清液，稀释至所需浓度即可。此外，用来配制 NaOH 溶液的蒸馏水，也应加热煮沸放冷，除去其中的 $CO_2$。

标定碱溶液的基准物质很多，常用的有草酸（$H_2C_2O_4 \cdot 2H_2O$）、苯甲酸（$C_6H_5COOH$）和邻苯二甲酸氢钾（$C_6H_4COOHCOOK$）等。最常用的是邻苯二甲酸氢钾，滴定反应如下：

$C_6H_4COOHCOOK + NaOH \rightarrow C_6H_4COONaCOOK + H_2O$

计量点时由于弱酸盐的水解，溶液呈弱碱性，应采用酚酞作为指示剂。

①药品与仪器

氢氧化钠（分析纯）；邻苯二甲酸氢钾（基准试剂）；10 g/L 酚酞指示剂。

250 mL 试剂瓶；1 000 mL 容量瓶（按所需配制溶液的量确定）；10 mL、50 mL 移液管；50 mL 碱式滴定管；锥形瓶；分析天平；烘箱；

②配制步骤

a. 氢氧化钠母液的配制

称取 110 g 氢氧化钠，溶于 100 mL 无二氧化碳的水中，摇匀，注入聚乙烯容器中，密闭放置至溶液清亮，形成饱和溶液，贴上标签以备用。

b. 0.1 mol/L、1 mol/L 的氢氧化钠溶液的配制

按照表 2-5 的规定，用移液管取氢氧化钠母液上层清液，用无二氧化碳的水稀释至 1 000 mL，摇匀。

表 2-5　配制碱溶液的浓度与体积换算表

| 氢氧化钠标准滴定溶液的浓度 mol/L | 氢氧化钠溶液的体积 V/mL |
| --- | --- |
| 1 | 54 |
| 0.5 | 27 |
| 0.1 | 5.4 |

c. 标定

按表 2-6 规定称取经 105～110℃电烘箱中干燥至恒重的邻苯二甲酸氢钾工作基准试剂，加无二氧化碳的水溶液，加 2 滴酚酞指示液（10 g/L），

用配制好的氢氧化钠溶液滴定至溶液呈粉红色，并保持 30 s。

表 2-6 标定碱溶液所需基准试剂质量及水溶液体积换算表

| 氢氧化钠标准滴定溶液浓度 mol/L | 邻苯二甲酸氢钾质量 m/g | 无二氧化碳的体积 V/mL |
|---|---|---|
| 1 | 7.5 | 80 |
| 0.5 | 3.6 | 80 |
| 0.1 | 0.75 | 50 |

d. 氢氧化钠标准滴定溶液的浓度 $c(\text{NaOH})$，按以下式子计算：

$$c(\text{NaOH}) = \frac{m \times 100}{(V_1 - V_2) M}$$

式中：$m$——邻苯二甲酸氢钾的质量的准确值，单位为 g；

$(V_1 - V_2)$——滴定消耗氢氧化钠溶液体积的数值，单位为 mL；

$M$——邻苯二甲酸氢钾的摩尔质量的数值 204.22，单位为 g/mol。

e. 标签：准确标定溶度后，贴上标签，盖上塞子。

f. 保存：置于通风干燥处。

③注意事项

a. 配制试剂的纯度应为分析纯以上，实验用水应符合三级水的规格。

b. 在标准滴定溶液时，滴定速度应保持在 6～8 mL/min。

c. 称量基准物质试剂的质量应精确至 0.01 mg。

d. 制备标准滴定溶液的浓度值应在规定浓度值的 ±5% 范围以内。

e. 标定标准溶液浓度时，需要做 6～8 个平行样，然后取其平均值，结果保留 4 位有效数字。

f. 标准滴定溶液在常温 15～25℃下保存时间一般不超过两个月，当溶液出现浑浊、沉淀、颜色变化等现象时，应重新配制。

g. 储存标准滴定溶液的容器，其材料不能与溶液产生理化作用，壁厚最薄处不小于 0.5 mm。

h. 为什么 pH 电极要浸泡在 3 mol/L 的氯化钾溶液里？

防止 pH 电极老化，玻璃电极里面的液体也是 3 mol/L 的 KCL 溶液，长时间不用必须把电极浸没保存在氯化钾溶液中，否则玻璃电极将损坏，pH 测量要失灵。

### （9）碱性品红的配制

检测牛乳酸度时，由于牛乳本身颜色的影响，当酚酞做指示剂用氢氧化钠滴定牛乳酸度时对于终点颜色的判断存在一定的影响，加之检测人员对颜色的敏感度不同，为了提高检测的准确性，在检测时可采用参比色作为判断终点的标准色。在牛乳检测时，一般用碱性品红溶液或硫酸钴做参比色。

①药品与仪器

碱性品红（分析纯）或 7 水硫酸钴（$COSO_4·7H_2O$）；

100 mL 试剂瓶；100 mL 量筒；250 mL 烧杯；分析天平。

②配制

碱性品红溶液：将 0.005 g 碱性品红溶于水中，并定容至 100 mL。

硫酸钴溶液：将 3 g 7 水硫酸钴溶于水中，并定容至 100 mL。

③使用

碱性品红的使用：250 mL 锥形瓶中加入 10 mL 样品 +20 mL 水 + 三滴碱性品红，摇匀作为滴定该样品酸度终点判断的标准颜色。

硫酸钴的使用：250 mL 锥形瓶中加入 10 mL 样品 +20 mL 水 + 三滴硫酸钴，摇匀作为滴定该样品酸度终点判断的标准颜色。

参比色有效时间为 2 h。

④注意事项

参比样品现用现配，有效时间为 2 h。

# 第三部分　牛乳检测仪器的自校

## 一、概述

### 1. 目的

为了保证检测设备的量值可溯源到国家计量标准，确保测量监控结果的准确性、有效性，确保所有检测设备正常、稳定的工作，方便品控部检测仪器的管理及使用，编制此内容。

### 2. 范围

检验设备校准内容适用于所有化验室检测仪器设备的内部校准和外部校准。

### 3. 职责

（1）企业的在线品控部负责监督修改本内容，使相关内容符合企业需求及国家相关检测仪器的校准规定。

（2）在线品控部负责按按规定进行仪器的内部校准。

（3）在线品控部负责检验仪器的集中校准。

（4）生产企业其他相关部门应积极配合品控部的相关检验工作。

### 4. 依据

（1）GB/T12810-1991 实验室玻璃仪器、玻璃量器的容量校准和使用方法；

（2）JJG196-2006 常用玻璃器检定规程；

（3）JJG10—2005 专用玻璃量器检定规程；

（4）JJG646—2006 移液器检定规程；

（5）GB/T 27404—2008 附录 B 食品理化检验实验室常用仪器设备及计量周期。

## 5. 检验设备及用途

（1）企业化验室常用的玻璃器皿见表 3-1。

表3-1　企业化验室常用的玻璃器皿

| 名　称 | 常用规格 | 主要用途 | 需要校准 |
| --- | --- | --- | --- |
| 温度计 | 水银温度计 | 检测液体温度 | 是 |
| 玻璃浮计 | 比重计、$H_2O_2$ 检测计 | 检测液体比重、浓度 | 是 |
| 烧杯 | 25、50、100、250、500、100 mL | 配制溶液、溶解样品等 | 否 |
| 锥形瓶 | 50、100、500 mL | 加热处理试样和容量分析滴定 | 否 |
| 凯氏烧瓶 | 凯氏定氮仪自带 | 消解有机物质 | 否 |
| 洗瓶 | — | 装纯化水洗涤仪器或装洗涤液洗涤沉淀 | 否 |
| 量筒 | 10、25、50、100、250、500 mL | 粗略地量取一定体积的液体用 | 是 |
| 滴定管 | 25 mL、50 mL、100 mL | 容量分析滴定操作；分酸式、碱式 | 是 |
| 移液管 | 2 mL、5 mL、10 mL | 准确地移取一定量的液体 | 是 |
| 刻度吸管 | 1 mL、2 mL | 准确地移取各种不同量的液体 | 是 |
| 单标线吸量管 | 10.75 mL 大肚移液管 | 准确地移取一定量的液体 | 是 |
| 单标线容量瓶 | 定容瓶 100、250 mL | 配制准确体积的标准溶液 | 是 |
| 称量瓶 | — | 矮形用作测定干燥失重或在烘箱中烘干基准物；高形用于称量基准物、样品 | 否 |
| 试剂瓶： | 细口瓶、广口瓶、下口瓶 | 细口瓶用于存放液体试剂；广口瓶用于装固体试剂；棕色瓶用于存放见光易分解的试剂 | 否 |
| 滴瓶 | 胶头滴瓶 | 装需滴加的试剂 | 否 |
| 漏斗 | — | 长颈漏斗用于定量分析，过滤沉淀；短颈漏斗用作一般过滤 | 否 |

续表

| 名 称 | 常用规格 | 主要用途 | 需要校准 |
|---|---|---|---|
| 试管 | 普通试管 | 做酒精实验 | 否 |
| 培养皿 | 玻璃类培养皿 | 微生物培养 | 否 |
| 研钵 | — | 研磨固体试剂及试样等用；不能研磨与玻璃作用的物质 | 否 |
| 干燥器 | — | 保持烘干或灼烧过的物质的干燥；也可干燥少量制备的产品 | 否 |
| 移液枪 | 200 μL | 牛乳掺假检测 | 是 |

（2）企业监视与测量用仪器见表3-2。

表3-2 企业监视与测量用仪器

| 仪器名称 | 规格型号 | 用途 | 需要校准 |
|---|---|---|---|
| 电子秤 | JJ1000型 | 检测产品容量 | 是 |
| 电子天平 | FA2104N、FA1004 | 称取化学药品 | 是 |
| pH计 | 雷磁pHS-3C | 检测液体pH | 是 |
| 凯氏定氮仪 | 福斯8100全自动定氮仪 | 检测牛乳蛋白含量 | 是 |
| 冰点仪 | 德国Gerber CryoStar牛奶冰点仪 | 检测牛乳冰点 | 是 |
| 杂质度仪 | ZZ-2 | 检测牛乳杂质度 | 是 |
| 乳成分分析仪 | 福斯FT1、FTA-3.X | 快速检测牛乳成分 | 是 |
| 盖勃离心机 | GB-1 | 检测牛乳脂肪，快速离心分离 | 是 |

## 6.检验器皿仪器校准计划

（1）需外校时，由质量检验部门负责送国家法定计量单位或联系其到企业现场进行校准，并要求校准单位出具相应的校准报告。

（2）需内校时

a.校准必须在规定的环境中进行。

b.根据有校验规程或校验方法进行逐项校准。

c.对规定的受检点进行校准，逐点记录并填写良好历史记录卡。

d.检修人员应根据制定的校验时间计划，收集生产测量和监控装置。

（3）校准计划见表3-3。

表3-3 仪器设备校准计划

| 仪器器皿名称 | 校准计划 | | 校准/检定方法 |
| --- | --- | --- | --- |
| | 内校 | 外校 | |
| 温度计 | 1个使用周期一次 | 3年1次 | JJG161—2010 |
| 玻璃浮计（比重计、$H_2O_2$计） | 6个月1次 | 3年1次 | JJG86—2011 |
| 量筒 | 6个月1次 | 3年1次 | 校准GB/T12810—1991.9 使用GB/T12810—1991.10 玻璃器皿检定 JJG196—2006、JJG10—2005、JJG20—2001、JJG646—2006 |
| 滴定管 | 6个月1次 | 3年1次 | |
| 移液管 | 6个月1次 | 3年1次 | |
| 刻度吸管 | 6个月1次 | 3年1次 | |
| 单标线吸量管 | 6个月1次 | 3年1次 | |
| 单标线容量瓶 | 6个月1次 | 3年1次 | |
| 电子秤 | 每月1次 | 1年1次 | 检验手册第三部分仪器校准、仪器操作指导书 |
| 电子天平 | 每月1次 | 1年1次 | |
| pH计 | 每月1次 | 1年1次 | |
| 凯氏定氮仪 | 6个月1次 | 1年1次 | |
| 冰点仪 | 6个月1次 | 1年1次 | |
| 杂质度仪 | 6个月1次 | 1年1次 | |
| 乳成分分析仪 | 1周校定一次，检测结果偏差≥0.2时进行手工校定，并重新校定检测基线 | 1年1次 | |
| 盖勃离心机 | 月保养、年保养 | — | — |
| 烘箱、电炉等 | 1年一次 | 2年1次 | — |

◎注：检验仪器设备的校验周期根据GB/T 27404—2008附录B制定

## 7. 校准结果处理

监视和测量设备的标识要求：企业严格按计量检测机构的规定对监视和测量设备进行标识。

（1）校准标记：校准完成后，将校准标记贴在生产测量和监控装置的表面明显可见且不影响读数及操作之处。

①合格证：校准合格的生产测量和监控装置须贴合格证，"合格证"上应注明有效期。

②校准不合格的生产测量和检验装置，应立即贴"停用证"，并由质量检验部分管人员封存保管。不合格的生产测量和检验装置必须及时进行修理，本企业无条件修理的，应及时外送修理。

③封签：对于测量设备中仅限于计量人员调整的装置，须加上封签，以防止他人误调；封签损坏的，在未查明原因前不可使用。

④封存：暂不使用或备用的生产测量和监控装置，由质量检验部的分管人员审核后，贴封存条。

（2）监视和测量设备校验后，防止失准的要求：

①监视和测量设备的使用人员应经过培训，使用前做到三看：一看外观上是否有磕碰、损伤，各部位是否可靠灵活；二看标识、合格证是否在有效期内；三看零点、铅封、封印是否完好。三项都符合后方可使用。

②严禁私自拆卸、调整，若发现异常应报告质量部门进行处置。

（3）检测设备偏离校准状态的处理：

①不定期抽检和定期检验中，若发现测试设备不合格，则应对以前经其检测设备进行检验的数据进行评审，必要时对已检测的项目需要重新检测并记录。

②生产过程中，发现检测设备偏离校准状态，使用者应停止检测工作，及时进行追溯分析，必要时需确定重新检测的范围并进行检测。

## 8.保存校准结果记录

质量检验部门负责保存校准结果的记录。

## 9.相关文件

（1）国家计量检定规程；

（2）《检验和测试设备日常检查保养记录表》；

（3）《检测器皿仪器校准记录表》；

附录：玻璃器皿允差要求参看JJG196—2006《常用玻璃器检定规程》，具体见表3-4、表3-5、表3-6。

表 3-4 单标线容量瓶计量要求一览表

| 标准容量/mL | | 1 | 2 | 5 | 10 | 25 | 50 | 100 | 200 | 250 | 500 | 1000 | 2000 |
|---|---|---|---|---|---|---|---|---|---|---|---|---|---|
| 容量允差/mL | A | ±0.010 | ±0.015 | ±0.020 | ±0.020 | ±0.03 | ±0.05 | ±0.10 | ±0.15 | ±0. | ±0.25 | ±0.40 | ±0.60 |
| | B | ±0.020 | ±0.030 | ±0.040 | ±0.40 | ±0.06 | ±0.10 | ±0.20 | ±0.30 | ±0.30 | ±0.50 | ±0.80 | ±1.20 |
| 分度线宽度/mm | | ≤0.4 | | | | | | | | | | | |

表 3-5 量筒计量要求一览表

| 标准容量/mL | | 5 | 10 | 25 | 50 | 100 | 250 | 500 | 1000 | 2000 |
|---|---|---|---|---|---|---|---|---|---|---|
| 分度值/mL | | 0.1 | 0.2 | 0.5 | 1 | 1 | 2或5 | 5 | 10 | 20 |
| 容量允差/mL | 量入式 | ±0.05 | ±0.10 | ±0.25 | ±0.25 | ±0.5 | ±1.0 | ±2.5 | ±5.0 | ±10 |
| | 量出式 | ±0.10 | ±0.20 | ±0.50 | ±0.50 | ±1.0 | ±2.0 | ±5.0 | ±10 | ±20 |
| 分度线宽度/mm | | ≤0.3 | | | ≤0.4 | | | ≤0.5 | | |

表 3-6 量杯计量要求一览表

| 标准容量/mL | 5 | 10 | 20 | 50 | 100 | 250 | 500 | 1000 | 2000 |
|---|---|---|---|---|---|---|---|---|---|
| 分度值/mL | 1 | 1 | 2 | 5 | 10 | 25 | 25 | 50 | 100 |
| 容量允差/mL | ±0.2 | ±0.4 | ±0.5 | ±1.0 | ±1.5 | ±3.0 | ±6.0 | ±10 | ±20 |
| 分度线宽度/mm | ≤0.4 | | | | | ≤0.5 | | | |

# 二、温度计的自校

## 1. 目的

对温度计进行校准，确保其准确度和适用性保持完好。

## 2. 范围

适用于测量溶液温度所使用的硬质玻璃温度计。

## 3. 校准步骤

①检查温度计玻璃体是否破裂、刻度是否清晰，否则更换。

②用一透明的玻璃仪器盛装适量自然溶解的冰水混合物。

③将温度计有感温液体的一端放进冰水混合物中，然后观察水银柱的变化情况。

④待水银柱变化稳定，再对照温度计刻度是否在0℃的位置，记录读数。

⑤第一次测量完成后，取出温度计，待水银柱回到自然的位置后，重新第二次测量，这样连续测量三次，得出结果再取平均值，记录在《温度计校准记录表》内。

⑥以上步骤完成后，把温度计放在50℃以下的温水中（30℃为宜），用

标准温度计进行校对（操作步骤同待检温度计），对比并记录温度计和标准温度计的读数。

⑦第一次测量完成取出温度计，待水银柱回到自然的位置后，再进行第二、第三次测量，测得的结果取平均值，记录在《温度计校准记录表》内。

⑧把温度计放在50℃以上的热水中（80℃为宜），重复以上相关步骤。

### 4. 判定依据

三次测量值与标准值之差，均在允许误差范围内时，该温度计校准合格。温度计允许误差范围见表3–7。

表3–7 温度计允许误差范围

| 感温液体 | 温度范围（℃） | 分度值（℃） | | |
| --- | --- | --- | --- | --- |
| | | 1 | 2 | 5 |
| 有机液体 | –60以上～30 | ±1.0 | — | — |
| | –30以上～100 | ±1.0 | — | — |
| 水银 | –30～100 | ±1.0 | ±2.0 | — |
| | 100以上～200 | ±2.0 | ±2.0 | — |
| | 200以上～300 | ±2.0 | ±2.0 | ±5.0 |

### 5. 校准周期

一年校准一次。并将校准情况记录在《温湿度校准记录表》中。

## 三、pH计自校

pH计电极使用注意事项：

（1）玻璃电极插座应保持干燥、清洁，严禁接触酸雾、盐雾等有害气体，严禁沾上水溶液，保证仪器的高输入阻抗。

（2）不进行测量时，应将输入端短路，以免损坏仪器。

（3）新电极或久置不用的电极在使用前，必须在蒸馏水中浸泡数小时。使电极不对称电位降低达到稳定，降低电极内阻。

（4）测量时，电极球泡应全部浸入被测溶液中。

（5）使用时，应使内参比电极浸在内参比溶液中，不要让内参比溶液倒向电极帽一端，使内参比悬空。

（6）使用时，应拔去参比电极电解液加液口的橡皮塞，以使参比电解液（盐桥）借重力作用维持一定流速渗透并与被测溶液相通。否则，会造成读数漂移。

（7）氯化钾溶液中应该没有气泡，以免使测量回路断开。

（8）应该经常添加氯化钾盐桥溶液，保持液面高于银/氯化银丝。

## 四、雷磁 pHS-3CpH 电极校准

### 1. 校准说明

此仪器具有自动识别标准缓冲溶液的能力，可以识别 4.00pH、6.86pH、9.18pH 三种标液，因此对于标准缓冲溶液 4.00pH、6.86pH、9.18pH，使用者按"定位"键或者"斜率"键后不必再调节数据，直接按"确定"键即可完成标定。

### 2. 校准方法：二点标定

（1）将 4.00pH 缓冲溶液控制在 20℃。仪器在测量状态下，把用蒸馏水清洗过的电极插入标准缓冲溶液 4.00pH 中，待读数稳定后，按"定位"键，再按"确定"键进入标定状态，仪器识别当前温度下的标准溶液 pH，按定位上或者下键，将此值定为 4.00，然后按下"确定"键完成第一步标定。

（2）同理，将 6.88pH 缓冲溶液控制在 20℃。仪器在测量状态下，把用蒸馏水清洗过的电极插入标准缓冲溶液 6.88pH 中，待读数稳定后，按"斜率"键，再按"确定"键进入标定状态，仪器识别当前温度下的标准溶液 pH，按斜率"上"或者"下"键，将此值定为 6.88，然后按下"确定"键，显示屏显示校正准确度，此值必须大于 95。

（3）返回测量界面。

### 3. 电极的使用维护

（1）避免电极的敏感玻璃泡与硬物接触，因为任何破损或擦毛都会使电极失效。

（2）测量结束后，将电极插入外参比补充液 3 mol/L KCL 中，以保持电极球泡的湿润，切忌浸泡在蒸馏水中。

（3）电极应避免长期浸在蒸馏水、蛋白质溶液和酸性氟化物溶液中。避免与有机硅油接触。

### 4. 缓冲溶液的配制方法

（1）pH4.00 溶液：用邻苯二甲酸氢钾 10.12 g，溶解于 1000 mL 的高纯去离子水中。

（2）pH6.88 溶液：用磷酸二氢钾 3.387 g，磷酸氢二钠 3.533 g，溶解于 1000 mL 的高纯去离子水中。

注意：配制前的用水应预先煮沸 15～30 min，除去溶解的二氧化碳，在冷却过程中应避免与空气接触，以防止二氧化碳的污染。

## 五、电子天平的自校

### 1. 范围

适用于电子天平（以下简称天平）的首次检定、后续检定和使用中检验。

### 2. 术语和计量单位

（1）术语

①置零装置：当天平秤盘上无载荷时，将示值设置为零的装置。

②零点跟踪装置：自动将零点示值保持在一定界限内的装置。

③去皮装置：当天平秤盘上有载荷时，将示值设置为零的装置。

④多范围：有两个或多个称量范围，具有不同最大称量和不同实际分度值，每一个称量范围均可从零到相应的最大称量。

⑤多分度：只有一个称量范围，按不同实际分度值分为几个局部称量范围。局部称量范围是根据所加载荷的增减自动确定的。

⑥最大称量：不计添加皮重时的最大称量能力。

⑦最小称量：小于该载荷值时称量结果可能产生过大的相对误差。

⑧称量范围：最小称量和最大称量之间的范围。

**（2）计量单位**

采用的计量单位有：千克（kg），克（g），毫克（mg），微克（μg）和吨（t）。

## 3. 概述

通过作用于物体上的重力来确定该物体质量，并采用数字指示输出结果的计量器具。用于砝码质量值传递、物体质量测量、体积测量及磁性测量等。也可以用于确定与质量相关的其他量值、数量、参数或特性。

## 4. 最大允许误差

（1）偏载误差：同一载荷下不同位置的示值误差，均应符合相应载荷最大允许误差的要求。

（2）重复性：同一载荷多次称量的示值误差，不得超过相应载荷最大允许误差的绝对值。

（3）加载或卸载时各载荷点的示值误差不得超过相应载荷最大允许误差的要求。

## 5. 通用技术要求

**（1）外观要求**

①天平的说明性标记

*必备的标记*

a. 制造厂名称或商标；

b. 产品名称；

c. 型号；

d. 用一个椭圆和椭圆里面的罗马数字表示准确度级别；

e. 型式批准标记；

f. 制造计量器具许可证标记；

g. 最大称量：表示为 max；

h. 最小称量：表示为 min；

i. 实际分度值：d；

j. 检定分度值：e；

k. 出厂编号；

l. 出厂日期（或以一定形式给出）。

适当时必备的标记

a. 电源电压…V；

b. 电源频率…Hz；

c. 由若干独立但又相互关联的模块组成的天平，其每一模块均应有识别标记；

d. 在满足正常工作要求时的特殊温度界限。

②对标记的要求

a. 字迹大小、形状必须清晰、规范；

b. 具有说明性标记的标牌必须牢固可靠，不易涂擦、破坏或拆卸；

c. 标牌应安置在天平明显易读的位置。

（2）结构的一般要求

适用性

①天平的设计应适合预期的用途；

②天平的结构应精致、坚固，保证在使用周期内保持计量性能完好；

③应能将载荷方便、安全地放置在天平的秤盘上。具有吊挂秤盘的天平，必须能确保吊挂系统坚固、可靠，不得产生滑落的现象。

可靠性

①天平的部件应不易被操作者拆卸、调整，以导致误操作或容易做欺骗性使用；

②天平的结构应保证，当控制元件意外损坏或错误调整，一旦干扰天平的正常功能即应有明显警告；

③按键的标志应清楚，操作天平按键不应引起重大故障。

一般要求

①当天平受到干扰出现故障时，天平不应显示错误示值，而是自动检测并显示故障信息。当天平检测并显示故障后，应出现文字提示或声音报警，并持续到操作者采取相应措施或故障消失；

②天平的控制系统能够保证正确的测量步骤、数据显示、存储及传输。

功能性要求

①接通天平即应执行专门的自检程序，显示出指示器所有相关的符号，并以足够长的时间表明其处于工作状态或非工作状态，以便于操作者进行检查；

②温度要求

a. 法定温度界限

如果在操作说明书中没有指定特殊的工作温度，则天平应在零下 10～40℃的温度条件下正常工作；

b. 特殊温度界限

如果在操作说明书中指定了特殊的工作温度界限，则天平应在下述温度界限内保持其计量性能。

③天平可备有接口，以便将其与外部设备连接。天平的计量功能和测量数据不得因接口而受到外围设备、其他被接受仪器及作用于接口的干扰影响；

④天平在正常使用条件下，应具有良好的耐压和绝缘性能。

**（3）称量结果的示值**

①读数装置

a. 在正常使用条件下，称量结果的读数，必须准确、可靠、清晰；

b. 超过最大量程时，天平应无数字显示，或显示过载溢出符号。

②示值形式

a. 称量结果必须含有质量的计量单位或其他符号；

b. 对于任意一个称量结果的示值，只能使用所选定的一个计量单位；

c. 当天平有一个以上的指示装置，在对各载荷点进行测量时，各指示装置的示值必须一致。

③数字示值

a. 数字指示至少应从最右端起显示出一位数字；

b. 小数与整数部分应用小数标记（点或逗号）分开，在显示时，小数标记左边至少应有一位数，其余所有位数都在右边；

c. 分度值自动改变时，小数标记应保持在原位。

④水平指示器

天平应安装水平指示器，并将水平指示器牢固安装在操作者明显可见的位置。未安装水平指示器的天平，不应有显见的倾斜。

⑤置零装置

a. 天平可以有一个或多个置零装置；

b. 置零装置的效果不得改变天平的最大称量；

c. 初始置零装置的效果不应超过 20% 最大称量。

⑥零点跟踪装置

天平应具有零点跟踪装置，零点跟踪装置在出厂时默认为开启状态；置零装置和零点跟踪装置的总效果，不得超过最大称量的 40%。

⑦去皮装置

天平可有一个或多个去皮装置。

a. 去皮装置应能保证准确置零，从而进行净重衡量；

b. 去皮装置不得在零点以下或最大称量以上使用。

## 6. 计量器具控制

计量仪器控制包括：首次检定、后续检定和使用中检验。

### （1）检定条件

①检定标准

a. 砝码

应配备一组标准砝码，其扩展不确定度不得大于被检天平在该载荷下最大允许误差绝对值的 1/3，该标准砝码的磁性不得超过相应要求。

b. 其他有关测量用的器具

◎分度值不大于 0.2℃ 的温度计；

◎相对准确度不低于 5% 的干湿度计；

◎非常规检查时所用的有关仪器设备。

②检定环境条件

a. 温度条件和湿度

检定应在稳定的环境温度下进行，除特殊情况外，一般为室内温度。稳定的环境条件是指：在检定期间所记录的最大温差，不超过天平温度范围的 1/5，并且对于一级天平不大于 1℃，对于二、三、四级不大于 5℃。

b. 湿度条件

对于一级天平相对湿度不大于 80%，对于二、三、四级不大于 85%。

c. 其他影响量

震动、大气中水汽凝结和气流及磁场等其他影响量不得对测量结果产生影响。

d. 供电电源

由制造厂标明天平的电压和频率范围。当供电电源出现下述变化时，天平应能保持计量性能：电压范围 $-15\% \sim +10\%$；频率范围 $-2\% \sim +2\%$。

e. 天平砝码应尽量避免阳光直接照射。

③检定前准备及检定

a. 将天平放置在一平整、稳固的平台或平板上；

b. 将天平调整到水平位置；

c. 接通电源，天平预热，达到平衡、稳定；

d. 校准天平

◎将天平置零，按下校准健；

◎单个砝码应放置在称量盘中间；多个砝码应均匀分布在测量区域内，等待天平显示数值；

◎取下砝码。

④检定结果的处理

按本规程要求检定合格的天平应贴上合格标签，不合格的应注明不合格项目。

⑤检定周期

天平的检定周期一般不超过 1 年。

## 六、双杰 T 系列电子天平校准方法（车间用电子秤）

1. 接通电源，打开开关，显示窗显示 "F---1" 到 "F---9" 后稳定一段时间后出现 "0.0"，接下来应通电预热 30 min，刚开机时显示有所漂移属正常现象，一段时间后即可稳定。

2. 如果在称台空的情况下显示偏离零点，应按 "去皮"（TARE）键使显示回到零点。

3. 校准：在预热之后，按 "校正"（CAL）键，显示窗显示 "C XXX"

进入自动校正状态,(XXX 为应放校准砝码的重量),此时只须将校准砝码放于秤台上,待稳定后天平显示砝码重量值,校正即告完毕,可进行正常称量。如按"校正"键显示"C---F",则表示零点不稳定,可重新按"去皮"键使显示回到零点,再按"校正"键进行校正。

4. 如被称物件重量超出天平称量范围,天平将显示"F---H"以示警告。

5. 如需去除器皿皮重,则先将器皿放于秤台上,待示值稳定后按"去皮"键,天平显示"0",然后将需称重物品放于器皿上,此时显示的数字为物品的净重,拿掉物品及器皿,天平显示器皿重量的负值,仍按"去皮"键使显示回到"0"。

6. 注意事项:

a. 电子天平为精密仪器,称重时物件应小心轻放。

b. 天平的工作环境应无大的振动及电源干扰,无腐蚀性气体及液体。

c. 应保证通电后的预热时间。

7. 校正周期一般不超过 1 年。

# 七、玻璃浮计自校

## 1. 校准范围

适用于密度计、酒精计、乳汁计等质量固定式工作玻璃浮计的首次检定、后续检定和使用中检查。不适用小于 650 kg/m³ 低密度量程石油密度计的检定。

## 2. 引用文件

(1) JJF1229—2009 质量密度计量名词术语及定义;

(2) JJG2094—2010 密度计量器具检定系统表;

(3) GB/T 17764—2008 密度计的结构和校准原则。

## 3. 概述

玻璃浮计是一种在液体中能垂直自由漂浮,由它浸没于液体中的深度来直接测量液体密度、相对密度或溶液浓度的仪器。玻璃浮计上部干管为顶端密封、直径均匀的细长圆管,管内紧贴有按密度、相对密度或浓度标记的标尺。

躯体是底部呈圆锥形或半球形（以避免附着气泡）的空心圆柱体，其下部是用玻璃隔板或其他结构制成的压载室，内部填满了小铅丸或其他适合填充物作压载物。

浮计测量的基本原理是根据阿基米德定律，即当浮计在液体中平衡时，它所排开的液体重量等于浮计本身的重量。这样由其浸没于液体中的深度，即可由标尺直接得到液体密度、相对密度或浓度。

## 4. 计量性能要求

浮计示值的最大允许误差，除分度值为 0.5 kg/m³ 的石油密度计为 ±0.6 个分度值外，其他均不能大于 ±1 个分度值。

## 5. 通用技术要求

（1）外观

①浮计的各部位应与其主轴线对称。

②浮计内不应有油气、水气及其他杂物。干管顶端封口处不能有裂纹和变形。

③压载物应固定在压载室内，压载物应为干燥清洁的金属弹丸（特殊情况下可用水银），弹丸不能有明显的移动。

④用火漆固熔压载物时，火漆不能有撬动、松动。

⑤浮计应用无色透明的优质玻璃制造，必须经良好的退火处理。

⑥浮计玻璃的体膨胀系数值应为 $[(25 \pm 2) \times 10^{-6} -1]$℃。

⑦浮计的玻璃不能有影响强度和妨碍读数的缺陷（如条纹、节瘤、气线和气泡等）。

⑧标尺必须牢固地黏贴在干管内壁上，不得有松动、扭曲、歪斜和皱缩等现象。

⑨标尺应用平滑而无光泽的白色优质纸制作，其内不得有变形、褪色和碳化等现象。

⑩标尺刻度必须均匀、清晰，不得有明显的断线及污点，刻线的宽度不能大于 0.2 mm。所有标尺刻线必须与浮计轴线相垂直。

⑪标尺上的主刻线（最长的）、次刻线和最短的刻线长度分别至少应为

干管周长的 1/2，1/3，1/4。

⑫在标尺首末两端的主刻线外，应有两条以上的附加刻线。最上段的附加刻线与干管顶端的距离应不小于 15 mm，最下端的附加刻线与躯体和干管焊接处的距离应不小于 5 mm（总长不超过 150 mm 的小型浮计，上端可为 12 mm，下端可为 3 mm）。

⑬标尺上的主刻线，应标注完整清晰的数值，其余刻线可用不完整的数码标注。

⑭标尺不能有任何移动。

⑮浮计标尺间距的平均宽度不小于 1.2 mm（特殊要求的除外）。

⑯浮计干管与液面间的垂直偏差除石油计不大于 0.1 个分度值外，其他均不大于 0.2 个分度值。注：可将浮计浸在相应的液体中，用标尺的两侧读数之差来判断。

说明：本节①~④，⑦，⑧，⑬，⑭均用目测法进行检查，若其中有一条不符合要求，即不再进行示值检定。

**（2）标准温度**

除海水密度计标准温度为 17.5℃外，其他浮计的标准温度均为 20℃。

**（3）标记**

浮计应有以下清晰而持久的标记：

①浮计名称；

②浮计的标准温度；

③浮计内应标明单位，如 $kg/m^3$ 等；

④浮计的编号及出厂年月；

⑤制造单位名称或商标；

⑥按弯月面上缘读数的浮计应在浮计内注明。

## 6. 计量器具控制

**（1）检定用液体**

根据本指南所使用的浮计，对应使用的检定液体如下：

浮汁密度计：硫酸水溶液（需用溢出法）或硫酸氢乙酯（将毛细常数修正到乳汁）；

过氧化氢浮计：硫酸水溶液（需用溢出法）或硫酸氢乙酯（将毛细常数修正到硫酸水溶液）；

酒精计：酒精溶液（需用溢出法）或硫酸氢乙酯（将毛细常数修正到酒精溶液）。

**（2）检定液体的配制**

配制硫酸氢乙酯或硫酸水溶液时，应将硫酸缓缓地注入85%酒精溶液或纯水中并不断地搅拌，决不可反向操作。配制过程中，液温不得超过40℃，否则应停止配制，待冷却后再继续进行。新配制的硫酸氢乙酯、硫酸水溶液和0%～25%低浓度酒精溶液检定液，必须稳定12 h后才能使用。

**（3）检定环境条件**

实验室内温度要相对稳定，不能有阳光直射，检定时液温与室温之差不得大于5℃。实验室内应装有通风设备、水源与防火设施。

**（4）示值误差的检定**

①检定前清洁准备工作

a. 浮计在检定前应用合成洗涤剂、酒精或汽油等充分清洗，以便使浮计的干管能与液体较好地浸润。清洗合格的浮计应使平衡位置的液体弯月面形状不呈现类似锯齿状的不规则形状。清洗后的浮计只允许用手持干管最上端标记以上部位。

b. 检定前所用的检定筒、搅拌器等玻璃仪器必须洗涤干净并干燥，清洗合格的仪器其器壁应不挂水珠。

②读数方式

浮计读数时，除浮计标明按弯月面上缘读数外，其余均按弯月面下缘读数。

上缘读数方法：眼睛稍高于液面，能见到自然光或灯光所反射的一条发亮的细线或小光点儿（灯光照射位置与液面的角度应小于45°），即为弯月面上缘与浮计干管相接处。读出此处所对应的分度值，然后计算出浮计示值。

下缘读数方法：眼睛稍低于液面，可见椭圆形液面，然后慢慢地抬高眼睛至椭圆形液面变成一直线时为止。读出此时所对应的分度值，然后计算出浮计示值。

③检定方法

a. 工作玻璃浮计采用直接对比法，即将标准浮计与被检浮计同时浸入同一检定液中，直接比较它们标尺的示值，从而得到被检浮计的修正值。为尽量避免液体表面张力变化的影响，检定时可用"溢出法"。所谓溢出法即是用溢出筒溢出一层表面以形成新的液面再进行检定的方法。

b. 在 1 000 ～ 1 830 kg/m³ 硫酸水溶液中检定密度计，在 0% ～ 25% 酒精水溶液中检定酒精计，均需采用溢出法，亦可用硫酸氢乙酯进行检定，但后者需作毛细常数修正。

c. 检定液体应上下搅拌均匀，搅拌器底部不能露出液面，以免带入气泡。检定液应调整到标准浮计检定点的上下两个分度之内。

d. 浮计在液体中应自由漂浮，不得与任何物体相接触。漂浮时允许在检定点上下3个分度值内波动，待稳定 1 ～ 3 min 后，方可读数。

e. 每一支工作浮计至少检定 3 个点，即首末 2 个点及中间任选一个主要刻线点。每一检定点至少检定两次。当两次检定修正值之差大于 0.2 个分度值时，应再检一次，这时如果单次修正值与平均修正值之差大于 0.2 个分度值，则须重新清洗后再检定。

f. 检定时，如果标准浮计与被检浮计的标准温度、密度、使用的液体毛细常数不同时，应进行相应的修正。

## 7. 数据处理及检定周期

（1）数据处理

①被检浮计修正值 $\Delta \rho$ 等于标准浮计修正后示值 $\rho_{标}$（示值加上证书修正值，或加上温度、毛细常数修正值）减去被检浮计修正后示值 $\rho_{标}$（或加上温度、毛细常数修正值），即：$\Delta \rho = \rho_{标} - \rho_{标}$。

②取同一检定点各次修正值的算术平均值，并将尾数修约到分度值的十分之一，作为该检定点的修正值。

（2）检定结果处理

经检定合格的工作玻璃浮计，发给检定证书，检定不合格的发给检定结果通知书。

（3）检定周期

工作玻璃浮计的检定周期为1年，但根据其使用及稳定性等情况可为2年。

# 第四部分　原辅材料、包装纸箱的验收

## 一、原辅料、包装材料验收操作规程

①原辅料、包装材料供应商的司机入厂后，将送货单及检验报告单交于物流部。

②货车到厂后，物流部应填写《到货通知单》，并将原辅料、包装材料检验报告单送至品控部原辅材料质检处。

③品控部接到通知后，对到货原辅料依据《原辅料、包装材料检验方法及验收标准》进行抽样。

④抽好样后，质检员将依据《原辅料、包装材料检验方法和验收标准》的具体内容对样品进行检验。

⑤检验时如有一项不符合则判为不合格，最多给一次复检，复检仍不合格，则判定不合格，品控部出具《不合格品处理单》通知物流部，物流部通知采购部，将不合格品退回厂家。复检合格后，抽取原样品两倍，只要其中一次检验不合格，品控部出具《不合格品处理单》，物流部通知采购部，采购部将不合格品退回厂家，全部合格，品控部出具《原辅料、包装材料入库验收单》，通知物流部。

⑥检验后如各项指标均符合标准，则判定合格，品控部出具《原辅料、包装材料入库验收单》为合格单。

⑦物流部接到《原辅料、包装材料入库验收单》后，通知装卸工进行卸货，所有原辅料必须摆放在拖板上，不许野蛮操作，防止机械损伤。

⑧生产部在加工原辅料及生产过程中使用包装材料时，发现不符合标准

时的原辅料及包材纸箱时，通知品管部，品控部质检员依据《原辅料、包装材料检验方法及验收标准》进行抽检。符合标准则判为合格品，不符合标准，品控部出具《原辅料、包装材料质量回执单》并由生产班组相关成员对原辅料或包装材料在使用过程中的质量问题进行描述、评价评估后通知采购部，采购部将原辅料或包装材料退回厂家。

## 二、原辅料、包装材料检验方法及验收标准

### 1. 验收标准

表4-1 原辅料、包装材料验收标准

| 类别 | 项目 | 标准 | 检验频次 | 计价标准 |
| --- | --- | --- | --- | --- |
| 原辅料 | 包装 | 包装完整、干净、标签清晰明了 | 每批必检 | 不严重可让步接收，严重拒收 |
| | 感官（色泽、滋气味） | 辅料该有的色泽、无霉点等、无异味 | 每批必检 | 严重变质拒收、轻微可让步接收 |
| | 组织状态 | 粉末辅料：粉末辅料无结块、干燥松散、晶粒均匀。液体辅料：组织均匀、无沉淀、无分层 | 每批必检 | 不严重可让步接收，严重拒收 |
| 包装材料 | 包装 | 包装完整、密封良好，标签清晰明了 | 每批必检 | 不严重可让步接收，严重拒收 |
| | 印刷 | 印刷清晰、内容正确、无色差、每一批次同款包装材料一致无差别所有印刷内容，保质期、与样板相符 | 每批必检 | 不严重可让步接收，严重拒收 |
| | 外观 | 平整、无毛刺、无针眼小洞等；滚轴无磨损、大小规范标准 | 每批必检 | 不严重可让步接收，严重拒收 |
| | 微生物 | | 每批必检 | |
| 纸箱 | 印刷 | 印刷清晰、内容正确、无色差、每一批次同款包装材料一致无差别、与样板相符性，印刷厂家信息有提示 | 每批必检 | 不严重可让步接收，严重拒收 |
| | 外观 | 形状方正、菱角分明、纸箱无明显损坏或污迹，提绳完整符合要求、无色差、尺寸符合要求 | 每批必检 | 不严重可让步接收，严重拒收 |

续表

| 类别 | 项目 | 标准 | 检验频次 | 计价标准 |
|------|------|------|----------|----------|
| 纸箱 | 黏合 | 纸箱黏合处黏合良好，所使用黏合剂安全无污染、无明显异味等 | 每批必检 | 不严重可让步接收，严重拒收 |
| | 耐压 | | 每批必检 | |
| | 水分 | | 每批必检 | |
| | 封合 | 生产使用时封合良好，无错位、叠层等 | 每批必检 | 不严重可让步接收，严重拒收 |

注：在验收原辅材料之前需索要供货厂家三证（营业执照、卫生许可证、商品检验合格证）、出厂检验报告。

## 2. 原辅材料检验方法

原辅料验收检验时只检验包装及外观，包装及外观检验合格后即可接受该批辅料。内容物在使用时进行拆封检验，检验合格后方可使用，检验不合格者按照不合格严重情况进行处理。

原辅料的检验

（1）包装：

①包装完整、干净、无破损、密封良好。

②生产厂家、产品名称等信息准确无误，生产日期及有效期符合要求。

③产品配料表内容详细准确。

（2）内容物检验：

①色泽与外观：取样约 30 mL 或 30 g 于无色洁净的样品杯中，置于明亮处，用肉眼观察其色泽/透明度，并检查其有无可见杂质。

②气味：用嗅觉仔细鉴别样品气味。

③滋味：用玻璃棒取适量样品放入口中，品尝第二个样品前，必须用清水漱口。

④组织状态：液体辅料应均匀、纯净、无结晶颗粒、无悬浮物，无肉眼可见杂质；粉末辅料组织状态均匀、无大硬块，无明显黑点，无潮解和发霉现象，不得有可见的异物。

## 3. 包装材料检验方法

包装材料验收抽样时应做好防护及消毒，避免因抽样而使包装材料造成污染。包材进行微生物检验时，微生物采样需在抽样过程中进行且要及时进行避免包装材料因外界环境而遭到污染，不可抽样结束后，将样品拿回化验室进行微生物检验操作。

包材检验方法：

感官：新版包材：包装材料的图案、色调应与样稿一致，如是新版则由市场部送一版到技术部，品控部，由市场部、技术部校对包材制作是否符合其原始创作意图，譬如文字、图案、规格大小、色调、纸质是否与要求一致，不论是否符合公司创意，都要由市场部、技术部签字。不合格则作为退货依据，合格则作为下次来样检验依据，签字要存档。

如不是新版，则根据上次存档包装材料由检验员一一核对。纸箱无明显损坏或污迹。

包装材料印刷要求

① 品名：与产品注册标签名称一致。

② 标志：与标签上标志或样版标志相对应。

③ 厂名：厂址、电话、传真应与样版一致。

④ 净含量：按标签标注含量标明。

⑤ 保质期：必须与所装产品规定的保质期相同。

⑥ 贮存条件：低温产品 2～6℃，常温产品：常温储存

⑦ 生产日期：留位待标。

⑧ 标准号：应与产品注册标准号一致。

⑨ 类型、配料表内容、营养成分表：与样板标识类型一致。

⑩ Lolg：与样板标识类型一致且与包装纸箱标志的 Logo 一致。

检验

微生物检测：包装材料检测微生物时，微生物采样需在抽样过程中进行且要及时进行，避免包装材料因外界环境而遭到污染，不可抽样结束后，将样品拿回化验室进行微生物检验。

## 4. 纸箱检验方法

（1）取样：采样方法分上、中、下三层，每一层中或随机或四角中间法取出所需样品，取样数量根据每次批量多少决定，在 10 件以下、5 件以上

不得少于2件，10件以上不得少于3件，每增加10件要增加取样1件以上。对质量有异议时可扩大抽样，并进行研究处理。

**（2）质量指标**

①感官

新版包装材料：包装材料的图案、色调应与样稿一致，如是新版则由市场部送一版到技术部，品控部，由市场部、技术部校对包装材料制作是否符合其原始创作意图，譬如文字、图案、规格大小、色调、纸质是否与要求一致，不论是否符合公司创意，都要由市场部、技术部签字。不合格则作为退货依据，合格则作为下次来样检验依据，签字要存档。

如不是新版，则根据上次存档包装材料由检验员一一核对。纸箱无明显损坏或污迹。

②纸箱印刷要求

a. 品名：产品注册标签名称相一致。

b. 标志：与标签上标志或样版标志相对应。

c. 厂名：厂址、电话、传真应与样版相一致。

d. 含量：按标签标注含量标明。

e. 保质期：必须与所装产品标签中规定的保质期相同。

f. 贮存条件：低温产品 2～6℃，常温产品：常温储存。

g. 生产日期：预留位置待标注。

h. 标准号：应与产品注册标准号一致。

i. 类型、配料表内容、营养成分表：与样板标识类型一致。

j. Lolg：与样板标识类型一致且与包装材料标志的 Logo 一致。

③检验

◎纸箱的内装重量、综合尺寸对应的纸板种类应符合规定要求。毫米刻度尺测量纸箱的长、宽、高（以内径为准，准确到 1 mm）。

◎注意检验含带内托或隔板的纸箱，查看内托或隔板与纸箱是否匹配，有无色差、异味。若是新款纸箱要进行实际装箱，验证纸箱的实用性。

◎纸箱尺寸偏差不应违背公司标准要求。

◎ 察看箱体是否方正，表面是否有明显的损坏和污迹，另断口表面裂损宽度≤8 mm，箱面印刷图、文字是否清晰，深浅是否一致，印刷文字位置、颜色及内容是否符合公司要求。

◎检验纸箱封合处黏贴是否牢固，黏贴胶必须是无污染无危害不产生异味的安全胶。

◎纸箱水分检测：按 GB5009.3—2016 标准执行。或用水分检测仪快速检测纸箱水分含量。

◎纸箱耐压强度：将纸箱用胶带封好后放在纸箱压力仪上检测纸箱的压力，30 min 以后观察纸箱是否变形。

◎提绳、内托（分隔）、分隔袋：完整无破损、尺寸大小、颜色等印刷内容与样板一致。

# 附 录

## 附录一：低温车间空降及涂抹企业标准

### 空降、涂抹标准

**一、目的**

为了确保产品质量，加强对生产过程中空气净化程度及设备清洗效果的检查，特制定此标准。

**二、范围**

本文件适用于企业低温车间空气降落检验及涂抹检验的管理工作。

**三、职责**

1. 本文件由在线品控部负责编制和修订。
2. 在线品控部、生产车间严格按照标准进行判定。

**四、要求**

1. 低温车间清洁作业区划分

| 清洁度区分 | 厂房设施名称 |
| --- | --- |
| 一般作业区 | 收奶间、原辅料库、外包装区域、成品库、水处理间 |
| 准清洁作业区 | 预处理间、包材缓冲区域、杀菌间、配料间 |
| 清洁作业区 | 灌装间、微生物接种培养室 |
| 非食品处理区 | 理化检验室、办公室、更衣室及洗手池、消毒池、厕所 |

2.空气降落标准

| 作业区 | 菌落数（cfu/平板） |
| --- | --- |
| 清洁作业区 | ≤ 30 |
| 准清洁作业区 | ≤ 50 |
| 一般作业区 | ≤ 100 |

3.微生物涂抹标准

| 涂抹点 | 微生物标准（cfu/cm$^2$） |
| --- | --- |
| 奶车罐口、罐盖、出奶口 | < 10 |
| 原奶缸出口阀、平衡缸、化料罐、半成品缸进料口 | < 10 |
| 灌注头、超高温持热管、灌装机填料管内、外壁、 | ≤ 1 |
| 所有涂抹点的大肠杆菌 | < 3 MPN/mL(g) |
| 备注：以上涂抹点由生产人员通知质检进行涂抹，一星期内覆盖所有涂抹点。 | |

备注：消毒水微生物检测结果 ≤ 1 cfu/cm$^2$

## 五、微生物涂抹方法

1.可通过以下环节的检测进行微生物控制效果验证

（1）生产用水及消毒水、冰

①采样时间：生产过程中，消毒水 CIP 清洗消毒后取样。

②生产用水取样：选定取样点，打开水阀门，5 min 后用灭菌的广口瓶取约 200 mL 水样，立即送检。

③消毒水取样：前处理发酵缸、待存缸、超巴氏、大小冷板 CIP 清洗后，消毒接近结束时取样，灌装机进料开机前进行取样。

④生产用冰取样：直接取约 200 g 的冰装入灭菌的广口瓶中，立即送检。

（2）工作人员手

①采样时间：在生产工人进入车间之前消毒后或加工过程中消毒后采样。

②采样方法

被检人五指并拢，用浸湿无菌生理盐水的无菌棉签在双手指屈面从指根到指端往返涂擦 2 次（一只手涂擦面积约 30 cm$^2$），并随之转动采样棉签，剪去操作者手接触部位，将棉签投入 10 mL 无菌生理盐水的采样管中，立即送检。

（3）工作人员工作服

①采样时间：在生产工人上班换工作服之前或生产过程中采样。

②采样方法

用浸湿无菌生理盐水的无菌棉签在最可能接触产品的工作服处（如：袖口、门襟处）用 10 cm×10 cm 的标准灭菌规格板，放在被检物体表面，采样面积 ≥ 100 cm²，用浸有无菌生理盐水的棉签 1 支，在规格板内横竖往返均匀涂擦各 5 次，并随之转棉签，剪去手接触部位后，将棉签投入 10 mL 无菌生理盐水的采样管中，立即送检。

（4）设备、工器具

①采样时间：在消毒处理后或生产过程中进行采样

②采样方法

用 5 cm×5 cm 的标准灭菌规格板，放在被检物体表面，采样面积 ≥ 100 cm²，连续采样 4 个，用浸有无菌生理盐水的棉签 1 支，在规格板内横竖往返均匀涂擦各 5 次，并随之转棉签，剪去手接触部位后，将棉签投入 10 mL 无菌生理盐水的采样管中，立即送检。若设备、工器具为不规则表面，则用棉签直接涂擦采样。

（5）车间空气（沉降菌）

①采样时间：在生产操作过程中随时进行采样

②采样方法

室内面积不超过 30 m²，在对角线上设里、中、外三点，里、外点位置距墙 1 m；室内面积超过 30 m²，设东、西、南、北、中 5 点，周围 4 点距墙 1 m。将无菌平板开盖放置于相应的位置 30 min 后，合盖，立即送检。

（6）包装材料

①采样时间：在包装前进行采样。

②采样方法

（7）微生物验证标准

| 序号 | 验证对象 | | 菌落总数 | 大肠菌群 | 验证频率 |
| --- | --- | --- | --- | --- | --- |
| 1 | 生产用水、冰 | | ≤ 10 CFU/mL | < 30 MPN/100g | 每月 1 次 |
| 2 | 食品接触面 | 工作人员手 | ≤ 50 CFU/ 手 | 不得检出 | 每月 2 次随机抽样；每次不少于 3 个样品 |
| 3 | | 工作服 | ≤ 50 CFU/cm² | — | |
| 4 | | 包装材料（内表面） | ≤ 1 CFU/cm² | | |
| 5 | 车间空气 | | | | 必要时 |
| 6 | 其他 | | 致病菌不得检出 | | |

2. 检测方法

（1）菌落总数检测方法按 GB 4789.2—2016 的规定进行。

（2）大肠菌群检测方法按 GB 4789.3—2016 第一法的规定进行。

（3）霉菌检测方法按 GB 4789.15—2016 的规定进行。

（4）金黄色葡萄球菌按 GB 4789.10—2016 第一法规定进行。

3. 奶车涂抹计划

对送奶车辆在每周四做涂抹试验。有临时车辆时，随时进行检测。

## 六、考核

每周进行一次（每周星期四）车间空降及涂抹检查。

每周进行一次检测结果汇总。

## 七、发放范围

品控部、生产部（前处理、灌装间、外围）。

# 附录二：原奶掺假结果判定比色板汇总

## 一、碱性物质的检出

玫瑰红酸法（仲裁法）

正常色：如图（1）（2）（3）（4）

（1） （2）

（3） （4）

异常色：如下图

（a 量） （b 量）

（c 量）

注明：牛奶酸度及新鲜度影响最终颜色的判定，酸度越高、新鲜度越差，最终颜色越黄。

## 二、食盐的检出

正常色：

掺盐乳：呈黄色，且随着掺入量的增多，颜色由土黄色向鲜黄色变化

(a 量盐)　　　　　　　　(b 量盐)

(c 量盐)

### 三、亚硝酸盐和硝酸盐检出

固体试剂法

正常乳：呈无色。

掺亚硝酸盐或硝酸盐乳：呈粉红色，且由掺入量的增加，颜色逐渐加深。

（a 量）　　　　　　　　（b 量）

### 四、淀粉的检出

正常色：

掺淀粉奶：呈蓝色，且颜色深浅与掺入量成正比。

（a 量）　　　　　　　　（b 量）

（c 量）

### 五、蔗糖的检出

正常色：

掺蔗糖乳：

（a 量）　　　　　　　　（b 量）

（c 量）

### 六、硫代硫酸钠的检验

正常乳：蓝色（下图的颜色均为正常色）

掺假乳：乳白色或灰白色（如下图）

附加说明：正常色（蓝色）无法列出所有蓝颜色，只要是蓝色系列均为正常色。

## 七、过氧化氢的检验

**碘化钾—淀粉方法**

正常乳呈乳白色，掺防腐剂乳呈蓝色，且随着掺入量的增加颜色逐渐加深。见下表。

| $H_2O_2$ 含量‰ | 色卡编号 | $H_2O_2$ 含量‰ | 色卡编号 |
| --- | --- | --- | --- |
| 1.0 | 350U | 0.09 | 2758U |
| 0.9 | 349U | 0.08 | 259U |
| 0.8 | 357U | 0.07 | 2685U |
| 0.7 | 341U | 0.06 | 289U |
| 0.6 | 3288U | 0.05 | 272U |
| 0.5 | 3302U | 0.04 | 271U |
| 0.4 | 3035U | 0.03 | 263U |
| 0.3 | 303U | 0.02 | 无 |
| 0.2 | 282U | 0.01 | 无 |
| 0.1 | 2768U | 0.00 | 无 |

## 附录三：乳与乳制品检验参考标准汇总

| 项目 | 指标 | 检验方法 |
| --- | --- | --- |
| 冰点 a,b/(℃) | −0.500～−0.560 | GB 5413.38 |
| 相对密度 /(20℃/4℃) ≥ | 1.027 | GB 5413.33 |
| 蛋白质 /(g/100g) ≥ | 2.8 | GB 5009.5 |
| 脂肪 /(g/100g) ≥ | 3.1 | GB 5413.3 |
| 杂质度 /(mg/kg) ≤ | 4.0 | GB 5413.30 |

续表

| 项目 | 指标 | 检验方法 |
|---|---|---|
| 非脂乳固体 /( g/100g) ≥ | 8.1 | GB 5413.39 |
| 酸度 /(°T) 牛乳 b | 12～18 | GB 5413.34 |
| 铅（mg/kg）≤ | 0.05 | GB 2762 |
| 贡（mg/kg）≤ | 0.01 | GB 2762 |
| 砷（mg/kg）≤ | 0.05 | GB 2762 |
| 铬（mg/kg）≤ | 0.03 | GB 2762 |
| 硒（mg/kg）≤ | 0.03 | GB 2762 |
| 黄曲霉毒素 $M_1$(μg/kg) ≤ | 0.5 | GB 2761 |
| 菌落总数 CFU/g(mL) ≤ | $2 \times 10^6$ | GB 4789.2 |
| 滴滴涕（DDT）（mg/kg）≤ | 0.02 | GB 2763 |
| 六六六 (HCH)（mg/kg）≤ | 0.02 | GB 2763 |
| 林丹 (Lindane)（μg/kg）≤ | 0.01 | GB 2763 |

## 附录四：化验室常用化学试剂的保存期限

| 化学试剂名称 | 保存期限 |
|---|---|
| pH=10 的缓冲溶液 | 3 个月 |
| 标准氢氧化钠溶液 | 6 个月 |
| 标准盐酸溶液 | 6 个月 |
| 碘液 | 6 个月 |
| 硝酸汞溶液 | 6 个月 |
| 硝酸银溶液 | 6 个月 |
| 铬酸钾溶液 | 6 个月 |
| 过氧化氢溶液 | 6 个月 |
| 酚酞指示剂 | 6 个月 |
| 淀粉 - 碘化钾溶液 | 6 个月 |
| 亚硝酸盐试剂 | 6 个月 |
| 乳房炎试剂 | 6 个月 |
| 硫酸溶液 | 6 个月 |
| 72%、75% 酒精 | 3 天 |

# 参考文献

[1] 中华人民共和国卫生部. 中华人民共和国国家标准 GB 19301—2010 食品安全国家标准 生乳 [S].2010.03.26 发布

[2] 中华人民共和国国家卫生和计划生育委员会 // 国家食品药品监督管理总局. 中华人民共和国国家标准 GB 5009.6—2016，食品安全国家标准 食品中脂肪的测定 [S].2016.12.23 发布

[3] 中华人民共和国国家卫生和计划生育委员会 // 国家食品药品监督管理总局. 中华人民共和国国家标准 GB 5009.5—2016，食品安全国家标准食品中蛋白质的测定 [S]. 2016.12.23 发布

[4] 中华人民共和国国家质量监督检验检疫总局 // 中国国家标准化管理委员会. 中华人民共和国国家标准 GB/T 601—2016 化学试剂 标准滴定溶液的制备 [S].2016.10.13 发布

[5] 中华人民共和国国家卫生和计划生育委员会. 中华人民共和国国家标准 GB 5009.239—2016 食品安全国家标准 食品酸度的测定 [S].2016.08.31 发布

[6] 中华人民共和国国家卫生和计划生育委员会. 中华人民共和国国家标准 GB 5009.2—2016，食品安全国家标准食品相对密度的测定 [S].2016.08.31 发布

[7] 中华人民共和国国家卫生和计划生育委员会. 中华人民共和国国家标准 GB 5009.237—2016，食品安全国家标准 食品 pH 值的测定 [S]. 2016.08.31 发布

[8] 中华人民共和国国家卫生和计划生育委员会 // 国家食品药品监督管理总局. 中华人民共和国国家标准 GB 5413.30—2016，食品安全国家标准 乳和乳制

品杂质度的测定 [S].2016.12.23 发布

[9] 中华人民共和国卫生部. 中华人民共和国国家标准 GB 5413.39—2010, 食品安全国家标准 乳和乳制品中非脂乳固体的测定 [S].2010.03.26 发布

[10] 中华人民共和国卫生部. 中华人民共和国国家标准 GB 5413.5—2010, 食品安全国家标准婴幼儿食品和乳品中乳糖、蔗糖的测定 [S].2010.03.26 发布

[11] 中华人民共和国卫生部 // 中国国家标准化管理委员会. 中华人民共和国国家标准 GB/T 4789.27—2008 食品卫生微生物学检验 鲜乳中抗生素残留检验 [S].2008.11.21 发布

[12] 中华人民共和国国家卫生和计划生育委员会 // 国家食品药品监督管理总局. 中华人民共和国国家标准 GB 5009.24—2016, 食品安全国家标准 食品中黄曲霉毒素 M 族的测定 [S].2016.12.23 发布

[13] 中华人民共和国国家质量监督检查检疫总局 // 中国国家标准化管理委员会. 中华人民共和国国家标准 GB/T 22990—2008, 牛奶和奶粉中土霉素、四环素、金霉素、强力霉素残留量的测定 液相色谱 - 紫外检测法 [S].2008.12.31 发布

[14] 中华人民共和国农业部 // 中华人民共和国国家卫生和计划生育委员会. 中华人民共和国国家标准 GB 29688—2013, 食品安全国家标准 牛奶中氯霉素残留量的测定 液相色谱 - 串联质谱法 [S].2013.09.16 发布

[15] 中华人民共和国国家质量监督检查检疫总局 // 中国国家标准化管理委员会. 中华人民共和国国家标准 GB/T 22338—2008, 动物源性食品中氯霉素类药物残留量测定 [S].2008.09.01 发布

[16] 中华人民共和国国家质量监督检查检疫总局 // 中国国家标准化管理委员会. 中华人民共和国国家标准 GB/T 22978—2008, 牛奶和奶粉中地塞米松残留量的测定 液相色谱 - 串联质谱 [S].2008.12.31 发布

[17] 中华人民共和国国家质量监督检查检疫总局 // 中国国家标准化管理委员会. 中华人民共和国国家标准 GB/T 22992—2008, 牛奶和奶粉中玉米赤霉醇、玉米赤霉酮、己烯雌酚、己烷雌酚、双烯雌酚残留量的测定 液相

色谱 - 串联质谱法 [S].2008.12.31 发布

[18] 中华人民共和国国家质量监督检查检疫总局 // 中国国家标准化管理委员会. 中华人民共和国国家标准 GB/T 21312—2007，动物源性食品中 14 种喹诺酮药物残留检测方法 液相色谱 - 质谱 / 质谱法 [S].2007.10.29 发布

[19] 中华人民共和国农业部 // 中华人民共和国国家卫生和计划生育委员会. 中华人民共和国国家标准 GB 29692—2013，食品安全国家标准 牛奶中喹诺酮类药物多残留量测定 高效液相色谱法 [S]. 2013.09.16 发布

[20] 中华人民共和国国家质量监督检查检疫总局 // 中国国家标准化管理委员会. 中华人民共和国国家标准 GB/T 22985—2008，牛奶和奶粉中恩诺沙星、达氟沙星、环丙沙星、沙拉沙星、奥比沙星、二氟沙星和麻保沙星残留量的测定 液相色谱 - 串联质谱法 [S].2008.12.31 发布

[21] 中华人民共和国国家质量监督检查检疫总局 // 中国国家标准化管理委员会. 中华人民共和国国家标准 GB/T 22966—2008，牛奶和奶粉中 16 种磺胺类药物残留量的测定 液相色谱 - 串联质谱法 [S].2008.12.31 发布

[22] 中华人民共和国国家质量监督检查检疫总局 // 中国国家标准化管理委员会. 中华人民共和国国家标准 GB/T 22971—2008，牛奶和奶粉中安乃近代谢物残留量的测定 液相色谱 - 串联质谱法 [S].2008.12.31 发布

[23] 中华人民共和国国家卫生和计划生育委员会 // 国家食品药品监督管理总局. 中华人民共和国国家标准 GB 5009.28—2016，食品安全国家标准 食品中苯甲酸、山梨酸和糖精钠的测定 [S].2016.12.31 发布

[24] 中华人民共和国国家卫生和计划生育委员会. 中华人民共和国国家标准 GB 4789.26—2013，食品安全国家标准 食品微生物学检验 商业无菌检验 [S].2013.11.29 发布

[25] 中华人民共和国国家卫生和计划生育委员会. 中华人民共和国国家标准 GB 4789.28—2013，食品安全国家标准 食品微生物学检验 培养基和试剂的质量要求 [S].2013.11.29 发布

[26] 中华人民共和国国家质量监督检查检疫总局 // 中国国家标准化管理委员会. 中华人民共和国国家标准 GB/T8170—2008，数值修约规则与极限数

值的表示和判定 [S].2008.07.16 发布

[27] 中华人民共和国国家质量监督检查检疫总局 // 中国国家标准化管理委员会．中华人民共和国国家标准 GB/T 601—2016，化学试剂 标准滴定溶液的制备 [S].2016.10.13 发布

[28] 中华人民共和国国家质量监督检查检疫总局．中华人民共和国国家标准 GB/T 603—2002，化学试剂 试验方法中所用制剂及制品的制备 [S].2002.10.15 发布

[29] 国家技术监督局．中华人民共和国国家标准 GB/T 12810—1991，实验室玻璃仪器 玻璃量器的容量校准和使用方法 [S].1991.04.28 发布

[30] 国家质量监督检验检疫总局．中华人民共和国国家计量检定规程 JJG 196—2006,常用玻璃量器 [S].2006.12.08 发布

[31] 国家质量监督检验检疫总局．中华人民共和国国家计量检定规程 JJG 10—2005,专用玻璃量器 [S].2005.03.03 发布

[32] 国家质量监督检验检疫总局．中华人民共和国国家计量检定规程 JJG 646—2006，移液器 [S].2006.12.08 发布

[33] 中华人民共和国国家质量监督检查检疫总局 // 中国国家标准化管理委员会．中华人民共和国国家标准 GB/T 27404—2008，实验室质量控制规范 食品理化检测 [S].2008.05.04 发布

[34] 国家质量监督检验检疫总局．中华人民共和国国家计量检定规程 JJG 161—2010，标准水银温度计 [S].2010.09.06 发布

[35] 国家质量监督检验检疫总局．中华人民共和国国家计量检定规程 JJG 86—2011，标准玻璃浮计 [S].2011.09.20 发布

[36] 国家质量监督检验检疫总局．中华人民共和国国家计量检定规程 JJG 20—2001，标准玻璃量器 [S].2001.11.30 发布

[37] 国家质量监督检验检疫总局中华人民共和国国家计量技术规范 JJF 1229—2009，质量密度计量名词术语及定义 [S]..2009.07.10 发布

[38] 国家质量监督检验检疫总局．中华人民共和国国家计量检定规程 JJG 2094—2010，密度计量器具 [S].2010.06.10 发布

[39] 中华人民共和国国家质量监督检查检疫总局 // 中国国家标准化管理委员会. 中华人民共和国国家标准 GB/T 17764—2008，密度计的结构和校准原则 [S].2008.09.18 发布

[40] 中华人民共和国国家卫生和计划生育委员会. 中华人民共和国国家标准 GB 5009.3—2016，食品安全国家标准 食品中水分的测定 [S].2016.08.31 发布